记忆术：

掌握科学的记忆方法

灵　韵◎著

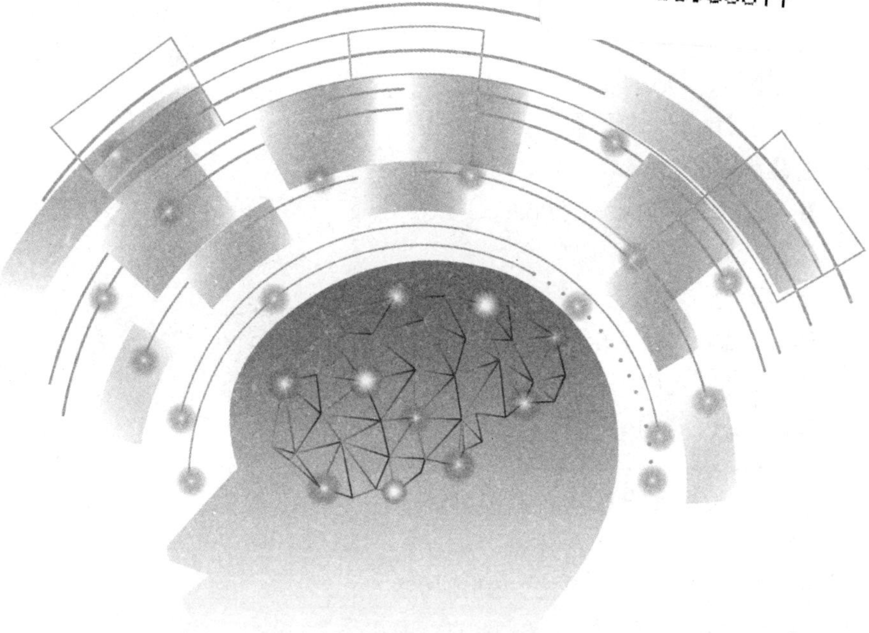

北方妇女儿童出版社

图书在版编目（CIP）数据

记忆术：掌握科学的记忆方法 / 灵韵著. -- 长春：北方妇女儿童出版社, 2019.3

ISBN 978-7-5585-3264-1

Ⅰ. ①记…　Ⅱ. ①灵…　Ⅲ. ①记忆术 Ⅳ. ①B842.3

中国版本图书馆CIP数据核字（2018）第291277号

出 版 人　刘　刚
封面设计　艺和天下
责任编辑　张晓峰
开　　本　140mm × 200mm　1/32
印　　张　6
字　　数　145千字
印　　刷　三河市元兴印务有限公司
版　　次　2019年3月第1版
印　　次　2019年3月第1次印刷

出　　版　北方妇女儿童出版社
发　　行　北方妇女儿童出版社
地　　址　长春市人民大街4646号
邮　　编　130021
电　　话　编辑部：0431-86037512
　　　　　发行部：0431-85640624

定　　价　39.80元

前言

PREFACE

记忆是一种智力活动，表现为一种经过或过程，是一种动态的呈现。而记忆力是人们在记忆活动中表现出来的一种特殊的能力。即人们记住事物的形象或事情的经过的能力，实际上包括了对各种信息材料的识别、分析、加工、比较、概括、储存、再现等各种综合能力。记忆力是智力的重要组成部分，它在记忆活动中的作用和地位是不可取代的。当然，在其他如观察、想象、思维、创造等各种智力活动中，记忆力也发挥了重要的作用。

良好的记忆是获取成功的基石之一，也是许多人登上事业顶峰不可或缺的重要因素。记忆力的好坏，往往是学业、事业成功与否的关键。记忆力是每个正常人都具有的自然属性与潜在能力，普通人与天才之间并没有不可逾越的鸿沟。记忆力与其他能力一样，是可以通过训练激发出来并在实践中不断得到提高发展的。

科学研究表明，人脑拥有着惊人的和超乎想象的潜在的记忆能力，只要掌握了科学的记忆方法，每个人的记忆力都可以得到提高。记忆力提高了，那我们的学习能力、工作能力、生活能力也将随之提升，甚至可以改变命运。

本书既是一把进入超级记忆王国的智能钥匙，又是个人必备的挖掘大脑潜能的指南。通过阅读此书，你会发现自己在短时间内就能轻松记住单词、诗歌、甚至元素周期表，并能应用自如。

目录 CONTENTS

第一章　记忆力的基本理论

什么是记忆力？／1

提高记忆力的重要性／7

提高记忆力的方法／11

第二章　思维力的基本理论

思维是什么？／68

提高思维力的重要性／93

提高思维力的方法／99

第三章　观察力的基本理论

观察力是什么？／130

为什么要提高观察力？／142

提高观察力的方法／148

第一章
记忆力的基本理论

什么是记忆力？

一、记忆是什么

“记忆是智慧之母”——古希腊诗人阿斯基洛斯的这句名言一直流传至今。记忆是一种人们能实实在在感受到的生理和心理现象，它究竟是什么呢？

记忆是过去的经验在大脑中的反映，亦可视作是经验的保持，有时在保持中还经历了一个积极的创造性的心理过程，包括识记——保持——认知（再认）或回忆这三个依序发展同时又密不可分的环节，是“整个心理活动的基本条件”。

其中识记和保持属于“记”的方面，再认或认知属于“忆”的方面。识记是识别和记住事物的特征与联系，是大脑皮层形成相应的暂时神经联系；保持是暂时联系的痕迹在脑中保留，表现为巩固已获得知识经验的过程；再认或回忆是在不同条件下暂时联系的再活跃。

从生物学角度讲，记忆是整个中枢神经系统的一种特殊机能，其本质是一种生物化学过程，即脑生理活动的过程，因此也可以把记忆看成人脑接纳、贮存、提取事物讯息的心理和生理协同合作的综合过程。

记忆≠记忆力

记忆与记忆力虽密不可分，但不能直接画等号。

记忆是一种智力活动，表现为一种经过或过程，是一种动态的呈现。而记忆力是人们在记忆活动中表现出来的一种特殊的能力。即人们记住事物的形象或事情的经过的能力，实际上包括了对各种信息材料的识别、分析、加工、抽象、比较、概括、储存、再现等各种综合能力。

记忆力是智力的重要组成部分，它在记忆活动中的作用和地位是不可取代的。当然，在其他如观察、想象、思维、创造等各种智力活动中，记忆力也发挥了重要的作用。

二、记忆的分类

按记忆时启动的主要人体感官划分：

（1）视觉记忆。（2）听觉记忆。（3）嗅觉记忆。

（4）味觉记忆。（5）触觉记忆。（6）平衡觉记忆。

（7）视听觉结合记忆。（8）视听触觉结合记忆

（9）多种感觉器官结合记忆。

按记忆的材料在脑中保持的时间划分：

1. 瞬时记忆

又称感觉记忆，保持时间不超过一秒钟，瞬现即逝、须臾即忘，人们往往感觉不到。大脑对此类信（讯）息不做加工和重复，形成的痕迹是表浅而活动的，一秒钟以后就消失，遗忘后不能恢复。

2. 短时记忆

也叫操作记忆，保持时间大于一秒但不超过一二分钟，常和一定的操作动作相联系，操作结束，准确的记忆内容也就消失。边记边忘的短时记忆是一种正常现象，能减轻大脑的记忆负担。

3. 长时记忆

保持时间大于一二分钟，通常能保持较长时间，有的可终生不忘。大脑对此类信（讯）息进行了储存前的主动、积极加工，形成的痕迹大都是结构的、深刻的、牢固的，保持时间较长，遗忘后大都能回想起来。

同一内容经过反复记忆，可以延长记忆时间，把短时记忆转化为长时记忆。动物实验结果表明，记忆痕迹在受试老鼠的脑中至少要持续90秒钟，短时记忆才会转变而巩固为长时记忆。对人类则只需四五秒钟。

按记忆材料的大脑半球划分：

（1）左半球记忆：负责记忆逻辑信息、语言信息。

（2）右半球记忆：负责记忆形象信息、艺术信息。

此外，人们还从心理特征方面将记忆划分为情绪（感）记忆和非情绪（感）记忆；按照生理特征将记忆划分为运动（动作）记忆和非运动（动作）记忆等。

三、记忆的特点

1. 易变性

随着时间的推移，每个人对知识、经验、事件、物品等的记忆并不是原封不动的。其中的一些内容、形式或形象潜移默化地发生着改变，一些原有经验在新经验的不断充实中逐渐丰富、完善和更新。

2. 不可见性

记忆是不可见与非直观的。只要人们不肯将记在脑中的内容转录，以说、写或其他方式复制出来，别人就无法得到它。

3. 不完全可靠性

记忆的易变性导致了回忆时的不完全可靠性。回忆起来的知识、经验、事件、物品的形象等，不能确保是首次识记时的原型，随着时间的顺延，其中的一些可能更完备，可能出现残缺，可能走形或变样，亦可能整体或局部扩大或缩小。

4. 瞬捷性

据研究，在50毫秒至半秒钟的时间里，人脑可以记住4个不同的数据。正常人的大脑可在一眨眼之间记住感兴趣的知识、经验、事件等。

人们所记住的内容，取用时也具有瞬捷性。人们还能于短瞬间去比照记住的信息，如此事与彼事、过去和现在等。

5. 无穷性

每个正常人的记忆潜力都无穷大。达尼尔·达宁形象地描述说："我们的记忆力活像套娃（一种农妇装束的玩偶，一般以木质制作，最外边的一个头最大）：卸下一个，里头还有一个。"

四、优秀记忆力的表现

1. 敏捷

与速度相关，也就是"记得快"。记忆敏捷能节约时间，提高效率，掌握更多的知识。

2. 持久

与牢固度相关，也就是"记得牢"。记忆持久、长期不忘，能提高记忆的效益。

3. 正确

与准确性相关，就是"记得准"。记忆如果不准确，其他的记忆品质就无从谈起。

五、影响记忆力的因素

1. 压力影响记忆

严重的情绪危机和压力会对记忆力造成影响。

压力分为两种：一种是情绪压力，情绪可以是正面的愉快的，也可能是负面的，如恐惧或愤怒。一个人有良好的自制能力，情绪就会被压抑。另一种是生理压力，主要源于身体某方面的功能超负荷，如浮肿、暴饮暴食、过度工作等。

适度的压力可以促进记忆力的发展。轻微的压力比没有压力更能帮助人们发挥潜能。

2. 睡眠与记忆力

拥有充足的睡眠、保持清醒和睡眠的自然周期才是最可靠的能长久促进记忆力发展的好办法。

睡眠可以解除大脑疲劳，同时制造大脑需要的含氧化合物，为觉醒后的思维和记忆做好充分的准备。适度睡眠为记忆和创造提供了物质准备，尤其是快速眼动睡眠阶段，对促进记忆巩固起着积极的作用。而熬夜和过度睡眠都会损害记忆力。

3. 不良嗜好影响记忆力

适量的酒精可以帮助人们消除疲劳，使身体活性化。但酒精对记忆却有百害而无一利，酒精对脑细胞的麻痹作用很可能导致暂时性记忆丧失。

研究表明，吸烟会加速记忆力丧失。如果人到中年还有吸烟习惯，记忆力受损更加明显。最新研究显示，烟瘾大的人，即一周抽上15根香烟以上的烟客，长久记忆与日常记忆都比常人差。

4. 健康营养提高记忆力

据美国《洛杉矶时报》报道，适当食用包含天然神经化学的物质可以增强智力，也许还能防止大脑老化。这些有助记忆的食物包括水果和蔬菜、脂肪含量高的鱼类、糖、维生素B等。

营养保健专家也发现，一些日常生活中常见的食品对大脑十分有益，如：坚果、全麦面包、豆腐、南瓜、蛋黄、葡萄、柚、深海鱼以及肝脏和肉类等。长期从事脑力劳动的人和学生不妨经常食用。

提高记忆力的重要性

一、“记忆是智慧之母”

“记忆是智慧之母”，不了解记忆机理的远古人类把记忆看成智慧的母亲，认为记忆可以生发出无数美妙而高贵的事物。

古今中外许多名人都致力于记忆的研究，留下了启发后人的感悟，如中国张载的“不记则思不起”等。现代，有更多对记忆重要性的感悟被作为名言广为流传：

一切智慧的根源都在于记忆。

——谢切诺夫

一切知识的获得都是记忆。记忆是一切智力活动的基础。

——培根

假如没有记忆力，我们便会成为转瞬即逝之物。从将来看过去，所看到的便会是一片死寂而已。而所谓现在，随着它一分一秒地流逝，也会一去不复返地消失在过去之中。基于过去所产生的知识和技能都不可能存在，就连我们一生中实际上持续不断地进行的，并且使我们变成了今天这个样子的学习活动也不可能存在。

——С·л·鲁宾斯坦

千百年来，人类依靠记忆积累经验，凭借记忆得到的能力征服大自然，到达理想的彼岸。没有记忆力，人就如同行尸走肉——过去和现在所接受并贮存于脑中的一切信息，随着时间一分一秒地流逝，都将一去不复返地消失在过去之中，智力和技能亦将荡然无存。

二、杰出人物记忆超群

古往今来，很多杰出人物都是头脑清晰、记忆超群的人：

王粲，建安七子之一，遇碑文，吟诵一遍，即可不忘。

拿破仑，于15年后在制定法典的会议上能随口引证19岁时在禁闭室内看的罗马法典。

苏联的尤里·亚历山德罗维奇，只要扫视一眼，就能说出人们用粉笔画在黑板上的杂乱无章的大小不等的、有的甚至相互交切的近百个圆圈的准确数目。他被带到陌生城市里去应试，每到一个地方，只要在街上走一次，就能对那里的交通线路、十字路口的情况以及各家大型商店、剧院、酒楼的名称与地址了如指掌。他只要2小时的记忆时间，就可以快捷地背诵一本有一千多家用户的电话簿中每家每户的称谓、号码等。

达·芬奇，在十几岁时到一寺院里游玩，目光被一幅壁画吸引住了。回到家中，他毫不费力地把看到的壁画默画了下来，物象比例和细节点缀宛如原作，连色彩明暗差别都再现得十分逼真。

被称作音乐神童的莫扎特，有一次在西斯汀教堂里，只听了一遍就把神秘不外传的大合唱（是相当复杂的变调音乐，包括4个声部的重唱和5个声部的合唱）默记在心了。

唐朝的王维，有一次在洛阳城里看到一幅《按乐图》画的是一个乐队在演奏。他仔细观察了一阵子，然后微笑着对旁人说："这幅画描绘的，恰好是《霓裳羽衣曲》演奏到第三叠第一拍。"大家听了以后既诧异又不相信，都说："你怎么知道？这是骗我们的吧？"于是王维请来了一队乐工，叫乐工们演奏《霓裳羽衣曲》。当乐工们演奏到第三叠第一拍时，乐工们的手指、嘴唇在乐器上的位置以及动作和姿势，刚好跟画上描绘的一模一样。大家都信服了。

19世纪法国的大小说家左拉，对各式的花朵及食品，都能一嗅而正确地分辨出它们的香味来。

毛泽东能背诵几百首唐诗和许多篇韩愈的散文。

周恩来，与人只要见过一面，许多年后，还能认出并叫出名字。

三、提高记忆力促人进步

记忆是从感性认识发展到理性认识的桥梁，亦是人借以认识周围世界的一种积极的有目的性的过程。

我们说一个人聪明，常常和他的记忆力分不开。一个人的记忆力不好，他的学习和生活就会被局限，不认人、不识物、不懂事。一个记忆力差的人，知识贫乏、头脑空空，能指望他去搞创造吗？要创造，首先需要知识，需要把记忆的知识融会贯通，否则，不可能产生灵感，产生发明创造。

有了好的记忆力，人们才能很好地保存过去的反映，使当前反映在以前反映的基础上进行，从而使人能积累、扩大和完善或修正原有的经验，使其对行动更具指导价值；有了好的记忆，先后经验才能联系起来，使一个人的心理活动成为一个发展的统一的过程。

好的记忆力对于青少年来说尤其重要。青少年需要依靠记忆来吸取知识和运用知识，没有对学过的知识的积累，就很难学懂新的知识。青少年所学的知识是系统的、逐步渐进的，如果没有对前面学过的知识的记忆和理解，要理解新知识，是非常困难的。

人的大脑是一个很难装满的知识仓库，大多数人的记忆力并未得到充分发挥，只要认真培养和训练，充分发掘自己的记忆潜力，记忆力的提高指日可待。

提高记忆力的方法

一、提高记忆力的一般规律

发现规律是驾驭规律的前提。宇宙间的一切事物都遵循一定的规律而运动，记忆同生命一样，本质上是不稳定的，其变化难以捉摸，但也遵循着一定的规律。

1. 每个人的记忆素质都与众不同

有限的人群调查结果表明，记忆能人极其罕见——不超过千分之几，记忆平常者占绝大多数，记忆低劣者同样罕见——不超过千分之几。

2. 每个人的记忆素质中有强项也有弱项

有的人的强项是视觉记忆，如唐朝的吴道子应唐明皇之召考察四川嘉陵江的景致，回京复旨时，唐明皇要看他的画稿，他说："我没有勾画稿子，都记在心里了。"随后，他仅用一天时间就把嘉陵江三百余里的风景活现在画稿上了。

有的人的强项是听觉记忆，如唐太宗有一次让宫女罗黑黑隔帷偷听一位西域琵琶名手演奏名曲，随即让她复弹，她竟能演奏得几乎分毫不差，使得那琵琶名手大为震惊。

有的人移动身体会记忆得更好些，动觉记忆就是他的强项。

3. 最佳记忆时间因人而异

人的一生中，记忆的最佳年龄通常在青年时代。如果以18～29岁的记忆力为100，那么，10～17岁为95，30～39岁为92，40～69岁为83，70～89岁则显降至55。

一年中，春秋两季是记忆的最佳季节。春秋的凉爽气候比盛夏的酷热更有利于激发人们的创造力。春天是人类思维记忆最理想的季节。

一天中的最佳记忆时间因人而异，主要有：

百灵鸟型：白天，脑细胞进入高度兴奋状态，记忆效率在某一时间段特别高。如艾青的最佳写作时间是上午8～9点钟。

猫头鹰型：习惯于夜战，一到夜间，脑细胞就进入高度兴奋状态，记忆效率在某一时间段特别高。如法国作家福楼拜有挑灯写作彻夜不眠的习惯，以致通夜亮着的灯光竟然成了塞纳河上的航标。

亦此亦彼型：在起床后和（或）临睡前的一段时间记忆，效率最高，思维也最敏捷。美国小说家司格特说过，觉醒和起床之间的半小时才是非常有助于他发挥创造性的黄金时刻。

混合型：兼有百灵鸟型和猫头鹰型的最佳记忆时间段。经过一夜睡眠，大脑疲劳的细胞得到充分的休息，对事物的反应、联想都很敏捷，思维能力转强；夜间安静，注意力易于集中，思维迅捷。

4. “记”在“忆”先，“认知”容易“回忆”难

一个孤立的记忆活动是按照识记——保持——认知或回忆的程序进行的。“记”是认知或回忆的先决条件。没有对知识与经验的识记，认知或回忆就不会发生。

虽然认知和回忆都是在首次识记知识(或经验或物品等)于脑中保持一段时间后结构痕迹的重新活跃，却存在着“认知”容易“回忆”难的规律——凡能回忆起来的都能准确无误地认知，而能认知的却不一定能准确无误地全部回忆起来。经验也表明，人们能够回忆起来的信息远不如认知的多。

5. 识记后保持的时间有短有长

知识、经验、事件、物品等被人的感觉器官接收并转录为信（讯）息输入大脑后，根据记忆时间的长短，记忆可以分为瞬时记忆、短时记忆、长时记忆三种。

6. 记忆的信息按规律遗忘

（1）遗忘“先快后慢”

德国心理学家艾宾浩斯通过为期一个月的自身实验（采用机械记忆法，熟记13个由两个辅音与一个元音构成的无意义音节，用节省法计算出不同时间间隔的遗忘率），首次发现了遗忘先快后慢的规律他将其转录为遗忘曲线，于1885年公布于世。

（2）中间比两头容易遗忘

学者们将在记忆过程中，有些后识记的信息对先识记信息

的重复认知和回忆起的干扰作用，称作后摄抑制或向前干扰；有些先识记的信息对后识记信息的重复认知和回忆起的干扰作用，称作前摄抑制或顺向抑制或向后干扰。

心理学家对产生这一规律的机理做了如下解释：

A→B→C→D→E→F

A←B←C←D←E←F

其中A与F只受单项抑制，所以记住的最多，中间部分都受双向抑制，所以遗忘的比两端多。后识记的材料越繁难，先识记的材料遗忘得越快。

（3）其他规律

印象浅的比印象深刻的容易遗忘，无意义材料比有意义材料容易遗忘，无兴趣的比有兴趣的容易遗忘，不理解的比理解的容易遗忘，陌生的比熟悉的容易遗忘，不急需的比急需的容易遗忘，单器官接收的比多器官接收的容易遗忘，没有联想的比加入联想的容易遗忘，无长远记忆动机的比有长远记忆动机的容易遗忘……

7. 记忆的讯息靠感觉器官输入脑中

不同类型的信息通过不同的感觉器官输入大脑，如文字、图像信息主要通过视觉，音乐、语言、声响信息通过听觉，空气中的气味主要通过嗅觉，食物的酸甜苦辣等主要通过味觉，物品的光滑程度和冷热软硬等信息主要通过触觉。有的信息，也可被两个或几个感觉器官所接收，双重或多重输入大脑。

大脑对不同感觉器官输入的信息有不同的吸收率。通常情况下，大脑对视觉输入的信息吸收率最高，可达83%；对听觉输入信息的吸收率次之，为11%；再次是嗅觉，可达3.5%；对触觉和味觉输入信息的吸收率最低，依序为1.5%和1%。

8. 记忆有潜力可挖

人的记忆力要比自己想象的好得多。多数人的单向发展，并非天生无能，而是大脑的一半球没有像另一半球那样有机会得到锻炼而发展，只启动了大脑的一个半球去学记。几千年来教育的主流是读、写、算，这使得难以计数的受教育者的大脑右半球的锻炼显见不足，即近乎大脑记忆潜能的一半大都未被开发利用。

在过去、现在和将来相当长久的时间里，人脑一生贮存的信息总量远不及大脑容量。大脑犹如一望无垠的照相底片，等待着信息之光闪现，如同浩瀚的汪洋，接纳川流不息的记忆之“水”，而永无“水”满之患。

二、提高记忆力的具体方法

“良好的方法能使我们更好地发挥天赋的才能，而拙劣的方法则可能阻碍才能的发挥。”不管做什么事情，都需要选择和创造合适的方法，提高记忆力亦如是。

1. 择优定向——发挥己长记忆法

爱因斯坦在中学期间就感悟到自己的大脑左半球超常发达，所以进入当时还是粗放式教学的大学学习时，为了让自己的特长得到充分发挥，就果断地去掉了对特长发挥无助的很多课程，集中主要精力去学记能发挥己长的那些课程。结果于窄化了的领域中获得了比其他同学要多得多和精深得多的专业知识。毕业后，他在窄化了的物理学领域内拼搏奋进，终于创立了相对论，成为被世人赞誉的科学巨匠。

相传，浪里白条张顺在陆上与黑旋风李逵交手被打倒在地之后，就很懂得利用自己水中之长弥补陆上之短，把李逵引下水而胜之。

试想，如果张顺不发挥己长，老是在陆上同李逵打，不管打到何时，仍然免不了失败的结局；如果让擅长记忆数学的陈景润去学记烹调或缝纫衣服，让擅长逻辑记忆的爱因斯坦去记忆非逻辑信息至终生，让善于听觉记忆的罗黑黑和罗马盲诗人荷马去记忆视觉信息……总之，将有特长的人送上迷途——舍弃己长，会产生怎样的后果？

“跛足而不迷路能赶过虽健步如飞但误入歧途的人。”不知道择优定向发挥己长的人，不管是多么勤奋、多么认真，也只能算是记忆路上的盲人。

一位患有自闭症并被人视作轻度弱智的青年，对日子有着超出常人的记忆能力。如果拿日历考他，他会“弹无虚发、百发百中”。原来，这个青年六七岁时，这种独特的才能就已经被他的亲人所发现。

这位善于记日子的青年并非弱智，而是一位具有记忆天赋的人。遗憾的是，他自六七岁起就错用了这种超常的记忆才能，去记忆不能转化为生产力的日子。假设他的亲人在发现他的记忆才能后，高精尖部门对他定向培养，让他在自闭的环境中去记忆必须记住的中外高精尖知识信息与实践经验，并找出其间的联系，那么，他很可能已经成为科技界不可多得的精英了。

认识自己是择优定向的先决条件。认识自己的记忆特长越早，越能抓住提高记忆力的先机。不然的话，就会像“盲人摸象”一样，所择的“优”很可能是“非优”甚或为“劣”。

脑力无所侧重的情况下取得的考试成绩，可以作为检验特长的一个参考依据，如某科的成绩明显优于其他各科，就可定向于某科，并在此领域里作长足的发展，如深造、择业、搞创作发明、灵巧快地化解热点等。

在恒定的时间内用各种感觉器官去记忆难度相同、数量相等的两组材料，而后进行记忆效果的感悟，如果发现运用视觉去接收这一材料的记忆效果凸显的话，那么，视觉记忆就是你的“己长”。相对地说，你的“优”也就在这里。

在认识自己的记忆素质之后，就要让自己的记忆特长在学记实践中充分地发挥作用。人的寿命在岁月无情的增长中一点点减少，而人生的价值却在择优定向的过程中不断得到深化和积累。

2. 唤起兴趣记忆法

科学巨匠爱因斯坦同时也是一位小提琴演奏爱好者，他说：“我渴望着把异常优美的乐曲表达出来，就逼着自己提高演奏技巧，对于那些枯燥无味的乐谱也就容易记住了。”

马克思在“关于人类的事物，我都要知道”的广泛兴趣的基础上，卓有成效地识记了人类历史并抽引出了发展规律，还发现了现代资本主义生产方式和资产阶级社会的特殊演变规律，为人类发展做出了不可磨灭的贡献。

以《物种起源》闻名于世的生物学家达尔文也曾说过这样的话：“我有强烈而多样的兴趣，沉溺于自己感兴趣的东西，深刻了解任何复杂的问题和事物。”

发现粒子而荣获诺贝尔奖的丁肇中这样说：因为我有兴趣，我急于要探索物质世界的秘密。

哈佛大学的校长CharlesW.Eliot具有记忆名字的兴趣仅仅是因为一次曾在大众面前忘了同事的名字而大出洋相的经历。为了不再出洋相，他激发起了记住同事名字和学生名字的志趣，通过不懈的努力取得了成功，能记住教职员及每年在校学习的学生名字。

兴趣是最好的老师。怎样唤醒我们常常忽略的“兴趣”？

志趣比有趣和乐趣更能转化为记忆的动力。有趣常常“稍纵即逝，一笑了之”；乐趣又总有些“乘兴而来，兴尽而返”，靠客观事物的趣味性诱发出来；而志趣则是兴趣的最高级形态，带有持久的目的性和方向性，常常能使人如痴如醉、废寝忘食：

上海有一位话务员，将记忆电话号码与“宁肯自己苦十分，也要让用户方便一分”的信念挂靠在一起，为了满足用户准和快的需要，对背记电话号码产生了志趣。这位话务员进行了卓有成效的实践，乐于用12个小时千方百计将三千多个传呼中的电话号码循环背诵一遍，然后适时地采用适合于自己的方法重复背记，终于达到了对答如流的境界。

巧妙联想与想象能让记忆对象有趣起来。如果预先知晓有关“鸡尾酒”的故事，那么，牢记单词“Cocktail——鸡尾酒”

将不费吹灰之力：

相传在很久以前，美国纽约州一酒店老板的独生女儿爱上一位在船上作业的年轻小伙子。一天，为了让心爱的小伙子能在拜见反对这门亲事的父亲时心态稳定下来并赢得父亲的欢心，姑娘特地为他调制了一杯含有酒精成分的混合饮料。正在此时，酒店老板喜爱的斗鸡——Cock突然飞舞起来，尾上散落的羽毛正好扎进盛混合饮料的酒杯里，姑娘急中生智地顺势用鸡尾搅起来，并脱口而出："鸡尾酒"。父亲见此情景，很高兴地举杯与小伙子畅饮起来。

形象有趣的故事通常能引发人们的兴趣，获得更加深刻的记忆效果。

很多书籍采用图文并茂的方式来吸引读者的眼球。美国医学界出版了一些有立体感插页的解剖学书籍，插页玲珑浮凸，破纸而出，非常显眼，读者印象极深。四川少儿出版社出版过一本彩色画册——《七十二变》，虽然只有14页，每页只画了《西游记》中孙悟空变的一个人物形象，乍看起来非常简单。但是一旦翻动，有新动作、新姿势、新服饰的人物像层出不穷，屡变不重，竟然可以变出图案多达2744个！读者当然百看不厌。松下电器公司曾研制出一种连接在普通电视机上的电子附加器，它能使电视上的荧光屏上映出画面，还可以用来画图，并且把画好的一幅幅图画储存起来，需要时可以随时放映，成为一种奇特的电子画册。

只要是能引起记忆兴趣的，都能记牢并保持长久，婴幼少儿也不例外。中国艺术大师俞振飞在3岁丧母后，不管是怎样哭闹，只要父亲一哼着昆曲，就安静下来，听着听着也就睡着了。有一天，父亲发现他能很熟练地唱着这首昆曲，很是惊讶，不知道是谁教的。实际上，这位教唱的老师就是他自己！恰应了张载之言："勿谓小儿无记性，所历事皆能不忘。"

3. 集中注意力记忆法

希腊文学家艾斯·强森说："真正的记忆术就是注意术。"集中注意力，能使大脑最敏捷、最准确、最清晰地记忆被注意的知识与经验。

有一位经验丰富的心理学家，听说某著名的心算家能准确快速地心算出不管是专家还是观众出的任何复杂刁钻的算题后，为了难倒他，这位心理学家兴致勃勃地前往心算家的住处，出了下面的一道算题，将他难倒了：

有一辆满载旅客的列车，出站时车上共有312名乘客，后来列车到达一处车站，下去18人，上来54人，列车又到一站，下去81人，上来44人，列车又到一站，下去23人，上来50人，列车又到一站，下去67人，上来35人，火车继续往前开，到了下一站，下去12人，上来9人，接着列车又到一站，下去54人，上来66人，列车又到一站，下去17人，上来24人，列车又到一站，下去78人，上来85人，列车再到达一站，下去94人，上来56人，接着列车到达了终点站。

当这位资深的心理学家快速准确清晰地讲完上题后，心算家便马上准确无误地把列车到达终点时在车上的人数告诉了观众。心理学专家却说道："我不是问你达到终点的乘客是多少，我想问你列车在这期间一共停靠了几站？"这位全国著名的心算家张口结舌，回答不上来。

出题的心理学家利用心算家习惯的心算定势——只将注意力集中在数字上，故意用表面上并不比往常复杂的数字将心算家的注意力吸引过来，而在运算过程中丧失了对火车途经车站的计数——注意力旁落就记不住，记忆专家也一样。只有集中注意力才能记住想记的事情。

使注意力集中的环境因人而异。高尔基说：树林在我的心里引起了一种精神上安宁恬适的感觉，我的一切悲伤都消失在这种感觉里，不愉快的事统统忘掉了。同时提高了我的感受性：我的听觉和视觉变得敏锐多了，我的记忆力强得多了，我的头脑里贮存的印象也更加多了。

不同年龄段的人集中注意力的时间长短不一，通常情况下，保持高度注意力的时间在12岁以前不超过30分钟（如对识记材料发生浓厚兴趣，时间还可大大延长）。

干扰注意力的因素主要有：使人分心的杂念；嗜酒、嗜烟、“开夜车”等劣习；饮食调控失度；不速之客来访；易使注意力游离的药物等。

干扰注意力集中的环境主要是：超过25分贝的噪音；太强或太弱的光线；太冷或太热的室温；易使注意力游离的杂物；绝对无声的环境。

排除影响注意力集中的干扰因素，可以有意识地进行一些集中注意力的训练和抗干扰的自我训练。如毛泽东小时候常常用“闹中取静”的方法在城门口读书。李政道经常去茶馆读书，茶客们在谈天说地，他却能静下心来读书。

自我奖励也是变干扰因素为刺激因素，使注意力由分散趋于集中的重要手段。

当需要记忆，脑子里却浮现出看电影、洗澡、喝茶等杂念的时候，可以把这些杂念作为到达某一记忆目标之后的奖品，这样一来，足以妨碍记忆的杂念，反而成为刺激记忆的最佳诱导剂。如记一段课文，可以喝热茶并休息15分钟；要是记忆两段课文，就可以洗个澡；要是完成了对三段课文的回忆，就可以去看一场喜欢的电影。像这样，把自己的杂念由小到大逐次排列起来，并把最先的杂念放到最后去对付，表面上看像是一种哄骗小孩子的把戏，实际却有促进记忆的效果。

在一般情况下，只要目的明确，有顽强的毅力和镇定的情绪，采取相适的训练举措就会使散向的注意力集中到学记的内容上去。

4. 一心多用，注意力分配记忆法

很多人都拥有一心二用的能力。

有些人对某些业务重复至熟后可以一心二用，例如有的女性织毛衣至娴熟时，可以一边毫无差错地织毛衣，一边抬起头与其他人谈天说地或东瞅西望地注意感兴趣的事。有的打字员，可以熟练到一边不停地准确无误地打着字，一边与有业务关系的人谈论，甚或听外语广播。有人研究后指出，这些人完成动作的控制全由大脑皮层移交给皮下中枢，完成动作就无须有意注意而转为自动化了，大脑皮层就可以“腾出手来”参与一种主要的记忆活动，使两种活动能同时顺利进行。

当两种同时并进的活动都需要注意时，其中必定有一种

活动是主要的，起着决定性的作用。于是，就出现了注意力的分配问题。如老师讲课时，学生既要注意听讲，又要注意笔“记”。学生在能够熟练地写字后听讲，通常是把大部分注意力分配到比较生疏的听讲活动上去，而把小部分注意力分配到熟练的写笔记活动上去。这样的做法能顾此兼彼，提高学记课堂知识的效率。

要学会记忆，首先要学会分配注意力，将散向的注意力集中到学记的生疏难重内容上。

记忆力的分配存在着个体差异。有的人可以一心（实际上是脑）多用，有的人可以一心两用，有的人只能一心一用，有的人还难以使注意力集中，要根据不同的个体情况量力而行，切不可好大喜功、贪多求全。

5. 合理运筹时间记忆法

合理运筹时间记忆法，主要是依据生物钟的不同节律安排不同的记忆内容——让时间佳度与记忆内容对等，即：在最佳记忆时间里记忆最难记忆的；在中等佳度的时间里记忆中等难度的；在非佳时间里记忆非难的知识与经验。

由于每个人的最佳记忆时间常有类型上的差异，所以在相同时间里记忆难度不相同的知识与经验才是每个人的最佳选择：

假如一个人一个月中的最佳记忆日是上旬中的某几天，而另一个人则是下旬中的某几天，那么，前者在总复习期间就应将所记忆的课程安排在上旬的某几天中，而后者在总复习期间就应将同一难度的课程安排在下旬的某几天中。

假如A的日生物钟节律是百灵鸟型，B的日生物钟节律是猫头鹰型，C的日生物钟节律是亦此亦彼型，那么，在安排每一个复习日中的记忆内容时就应有所侧重了——A应将每一个复习日中最难记忆的内容安排在白天的最佳记忆时段；B是应将每一个复习日中最难记忆的内容安排在晚间的最佳记忆时段；C应将每一个复习日中最难记忆的内容安排在临睡前或起床后的一段时间里。

假如不让时间佳度与学记难度相对应，如在最佳时间里去记忆非繁难的或涉足学习以外的事情，无疑是在浪费生命！而在非佳时间里记忆繁难的知识与经验，往往事倍功半。

合理运筹时间，还要学会积极地休息，使不同职责的脑神经细胞交替着工作，比如文理交替。

学习内容相近，大脑皮层工作的部位也比较相近，长时间使用同一部位，造成局部脑细胞内物质的消耗和废物的积累，因而提前产生疲劳。由于相近的科目和同类的材料放在一起学习，大脑中的神经联系也比较接近，产生重叠、交错，容易产生混淆。

善于学习的学生，很注意文理交替，以减少相互干扰。例如，学完语文看物理，做完数学看历史等等。当然，在学习过程中，若穿插上文体活动，进行积极的休息，对记忆也是十分有利的。

此外，在记忆的非佳时间里，不妨尝试带着问题去闲谈，闲时得“宝”——在闲谈中学记“无字理”，能额外地记住原本在最佳时间里应该记住的问题。

6. 分散（头尾）记忆法

计划用1小时来背诵一篇文章，对这1小时的安排可以有两种方法：

一是集中法，就是在1小时之内，不断地反复地背，直到记住为止。

二是采用分散法，就是把背诵的时间分在几次进行，如每天背20分钟，在三天背完，总的背书时间还是1个小时。

检查记忆的效果，发现分散法的效果明显优于集中法。这是为什么呢？

一个学习过程，如果相对地分为前、中、后三个阶段，那么，前面的学习活动会影响后面的学习活动，即前摄抑制。例如，刚踢完足球，就立刻做功课，注意力常常难以集中，就是因为前面的活动虽然表面上结束了，但这个神经活动并没有停止，还要持续一段时间，使后面的学习活动受到干扰。前面活动引起的兴奋越强烈，对后面学习活动的干扰越大。同样，后面的学习活动也会影响到前面的活动，即后摄抑制。

实践证明，总是开头和结尾阶段的学习效果好。不少人一早起来，学习效果最好，除了早晨头脑清醒、精力充沛外，更在于早晨是一天的开始，学习活动基本不受前面的干扰。也有的学生睡觉前记忆外语单词和背课文的效果好，这是因为背完后就休息或睡觉，不再受其他活动的干扰。

分散学习法实际增加了学习过程中干扰少的首尾阶段，每次学习时间较短，大脑细胞也不容易疲劳。

在采用分散学习法学习时，要掌握好间隔时间。间隔的时间太长容易遗忘，间隔的时间过短，又容易受到干扰。根据遗忘先快后慢的特点，开始各次间隔的时间可以短一些，以后则可以逐步加大，如果材料太难，则可以有较多的间隔次数，学习材料如果比较容易，内容又比较少，则间隔次数可以减少。

相比之下，集中学习法由于首尾少、干扰多，连续集中学习相近的材料，容易使大脑细胞感觉疲劳，神经联系产生差错，记忆效果相对会打折扣。

7. 提炼记忆法

古往今来，善于学习的人都习惯于抓住主要的、关键的部分进行深入研究，其他零散的非关键的部分自然迎刃而解。前人给我们留下了很多精彩的语句：

……篇篇都读，字字都记，岂非没分晓的钝汉！更有小说家言，各种传奇恶曲，及打油诗词，亦复过目不忘，如破烂橱柜，臭油坏酱，悉贮其中，其龌龊亦耐不得。

——郑板桥

对记忆也得进行组织，即记忆之前应该考虑：哪些信息必须记住，哪些信息应当贮存在什么地方，哪些信息必须抛弃，哪些信息必须遗忘，哪些信息必须回忆。

——略泽尔

在所有阅读的书本中，找出可以把自己引到深处的东西，把其他一切统统抛掉，就是抛掉使头脑负担过重和把自己诱离要点的一切。

——爱因斯坦

在学习中，我们应该把用创造性思维筛选提炼出的真知灼见记入脑中，有意识地忘掉次要的信息，腾出脑来记忆确实有用的信息。一个人如果想将所有学过的东西都记在脑中，无疑是一种很愚蠢的企图——将记忆力虚耗在不必记忆的事物之上，无异于慢性自杀。记忆的一个基本法则就是：依需择精而记——“少爱多弃”。

依需择精而记，既有对少而精信息的记忆，又有对更多信息的遗忘。为了完满地做到这一点，就需在记忆之前加大对收到信息的思维力度，进行预先筛选提炼。

也如同“众多贫铁矿石只有通过破碎筛分，选别成为铁精矿粉才具有使用价值，铁精矿粉只有经过熔炼而获生铁后使用价值才提高，生铁经过再冶炼而去掉具热脆性的硫、冷脆性的磷等杂质才成为使用价值倍增的钢”一样，只有从众多杂乱的信息中筛选提炼出少而精的信息才具有记忆价值，也只有对少而精的信息进行再提炼才能获得价值大增或倍增的精中之精的信息——如千古传诵的名言、警句、成熟的生产方式（方法）创造发明与专利技术等等。

一个会记忆的人，在记忆之前，会本着“少爱多弃”原则对所接收（识记）到的全部信息依需进行选择，逐个取舍，将少而精、简而全、确实有用的信息请进最适于它住宿的“房间”里面去。

8. 分类（系统）记忆法

分类或归类就是依据事物的某些内在联系或某些外部特

征，把杂乱无序的事物重新组合成不同层次的类别的过程。通过分类或归类，使分散的信息趋于集中，零碎的信息组成系统，杂乱的信息构成条理，从而使需记信息更加趋于系统化、条例化、概括化，这便于记忆。

“在人的识记活动中，对材料的分类、分组是很重要的一个步骤。人的经验是分类保持的。唤起过去的经验（回忆）也要借助于经验的类别的范畴……人在记忆时能够对经验分类分组，是由于社会实践中有储存物质的分类分堆的经验。没有社会实践中的分类分堆，人在识记材料时对材料分类分组是不可想象的。”心理学教授曹日昌通过实验结果证实，对所需信息进行预先归类而后记忆的效果明显好于不预先归类就记忆的。

“读书分类，不唯有益，且兼省心目。”现代脑神经记忆学理论认为：只有系统化（有条理）的信息才能在大脑中形成系统化的暂时神经联系，识记内容也显得好记一些；而孤单单的识记材料所形成的暂时神经联系则是个别的、独立的、零碎的、分散的，不容易记忆，即便是记住了，也难以保持。

分类记忆便于快捷提取信息。人的大脑如同一座图书馆，需用信息如同书籍。经过归类编目的书籍井然有序地摆放在书架上，在需用时能有条不紊地快捷取出。而未经归类编目的书籍则杂乱地堆放在一起，需用时，一时半会儿也找不出来。

实例1

需记的原型信息：

家用电器、火车、鸭、自行车、电脑、烧烤、微波炉、盂姜女、电视、马、飞机、冰箱、马车、家禽、交通工具、万里长城、嫦娥、家畜、奔月、焚书坑儒、洗衣机、汽车、鸡、跳山涧、鹅、秦始皇、猪、蹬鹰、牛、哭、电风扇、老虎、吹风机、兔子、羊。

先打乱原型信息的原有序次，按照习惯重组为如下五块：

家用电器：电脑、烧烤、微波炉、电视、冰箱、洗衣机、电风扇、吹风机。交通工具：飞机、火车、汽车、自行车、马车。家畜：牛、马、猪、羊。家禽：鸡、鸭、鹅。其他：老虎跳山涧，兔子蹬鹰，孟姜女哭万里长城，秦始皇焚书坑儒，嫦娥奔月。

然后按序将五块综合在一起记忆。如此一来，原本无序的复杂信息记忆起来就显得容易得多了。

实例2

原序：

舞只有旁两跑飞蝴在蝶马的骏着花踏香奔蹄

按规律重组：

踏着香花的骏马在奔跑，蹄旁有两只蝴蝶飞舞。

按规律重组之后，这些原本没有联系的单字变成了一个有意义的句子，记忆起来轻松得很。

如果从幼儿时期开始，启蒙者就想方设法使之养成“先对需记信息加工使之系统化，然后再记忆”的习惯，那么，幼儿长大成人后将会十分自觉地越来越熟练地这样进行，对提高记忆效率大有裨益。

9. 规律集成记忆法

哈佛大学的米勒发现一个成年人往往可以一下子记住大约7种分散的“点滴”信息的事实之后认为，记忆的诀窍在于：

把你要记住的7样东西组成一个大的总类别，然后再把具体的信息加到类别中去。以后记住7个类别的名称，通过联想你就能记住你先前归属于这7个类别的点滴信息。

对于有规律可循的记忆内容，可采取先按规律分块而后集成（综合）的记忆法去记忆它——记忆数量是随着每块内容的增多而增长的。例如，有的外语单词初看上去似乎没有规律可循，但是稍加分析就会发现它们的内在联系：

参观电视

Visit Television

学习一门语言文学的最短最佳的途径，是掌握它的词根，词根及其包含的意义是英语的基础。如果把Visit分成两块（Vis和it）和将television分成三块（tele、vis、ion）来记，而不是一个字母一个字母的死记硬背，就很容易记忆。不妨采用类似的方法记忆英语单词。

当所需记忆的原型信息间有某种明显相关的规律时，运用规律集成记忆法可事半功倍。其要点是善于分析与综合，通过表面现象找出简化后的内部关系。如：

原型信息1：

2232425262728292

需记的原型信息总计为16个数字，明显超过一次识记的最大数量7±2。死记硬背比较难记。分析发现这个数据是自然数

22至92的依序排列，记忆起来就很容易了：

2232425262728292

原型信息2：

123123123123

123321123321

先探究出第一组数字是“4个123依序排列”的规律和第二组数字是“两个123321依序排列”的规律，然后再按照此规律记忆。

原型信息3：

电话号码24361

一位朋友与爱因斯坦通电话时说：“我的电话号码很不好记，是24361。”爱因斯坦马上回答：“这有什么难记的！两打加19的平方就是了。”大家算一下，两打是24，19的平方是361。如此一来，原本没有联系的几个数字产生了联系，有助于简化我们的记忆。

原型信息4：

清军于1644年入关，占领北京。

一想起4乘4等于16，就联想起清军入关占领北京的时间了。

注意：此法仅适用于在瞬间能发现需记信息间显而易见的简化记忆的关系情况下。否则，还将因此而延迟记忆，增加了大脑的额外负担，造成脑力的虚耗，得不偿失。

10. 图表记忆法

经验表明，分散杂乱的原型文字或数据信息是不受记忆系统欢迎的。因为它们既枯燥乏味又杂乱无章，毫无生气。阿伦·佩维奥博士为了解决这一问题，提出了有关记忆的双重密码理论：

假使你仅仅通过词语来记忆这一事实和想法的话，那么你只用了你一半脑力。当同一事实或想法你不仅通过词语（贮存在左半球大脑）来记住，同时也通过图像或草图（贮存于右半球大脑）来记住，那样就在你的记忆中建立了一个强有力的联合体。当你需要回忆这个事实和想法时，就可以从这一联合体提取。

经验表明，如果通过筛选提炼、归纳整理，将有规律可循的分散杂乱的原型文字或数据转录成图表提供给记忆的话，那么，记忆系统就易于接受，还不会把它忘掉。

帮助记忆的笔记有很多种。我们把亦文亦图的帮助记忆的笔记称作记忆思路图，英国的T·布赞叫它思维连线图，德国学者称为记忆图，《学习的革命》的作者称其为脑图，日本学者叫它智能集成板块。

记忆思路图的优点众多，最为凸显的就是集辐射（发散）思维和集中（聚敛）思维于一体，使人节时省力，在一页（最多是两页）中就把握住了内容的整体和各分体事物以及其间的有机联系，十分便于记忆，还能将印象深烙于脑中，不易遗忘。

记忆思路图中的各分体事物好比电脑的各集成板块，它们紧密合理地协同衔接便产生了如同电脑那样的整体可视的功能。如果将其牢记在如同智慧宝库的脑中，就会井然有序地一块接着一块堆放在通路畅达的各个“房间”里，便于贮存。一旦需用信息时，就可快捷地提取，既方便识记与保持，又利于回忆或认知。

门捷列夫的《元素周期表》是将原型文数信息转录成图表的示范实例。它融一览表、系统表、比较对照表、统计表于一体，括组成宇宙万物的已知元素于一表，真不愧是“会当凌绝顶，一览众山小”的好表，使人“一观诸要”。

列宁、马克思都很注重列表记忆。

列表记忆在我国源远流长，如司马迁的《史记》中的《十表》。

站在统筹全局的高度，鸟瞰接收到的信息，把相关的信息分类归纳整理成表，进行比较对照（同中求异或者异中求同），进而把握住信息的各自特点及其间的关系——共性，可以使令人眼花缭乱、极易混淆、目不暇接的繁复信息如英语时态、俄语数格、化学元素等等井然有序、一目了然；特征化、条例化，既便于记忆，又便于提取。

11. 提炼共性记忆法

实例1

在初中化学课中，讲得最多的是氧化还原反应。这类反应比较复杂，既有电子得失，又有化合价升降，还要区分什么元素被氧化、什么元素被还原，什么物质是氧化剂、什么物质是还原剂。但是，只要记住抽引出来的共性“失电子升了价（被氧化），被氧化是还原剂”这句话，就能很容易记住在此类反应中什么元素被氧化，什么元素被还原；什么元素是氧化剂，什么元素是还原剂了。

实例2

现代汉语中，分析句子的成分使许多人感到头疼，因为句子构成较复杂，有“主谓宾定状补”语。但是，如果记住抽引出来的共性“主谓宾定状补，主干枝叶分清楚。基本成分主谓宾，附加成分定状补，定语定在主宾前，谓语前状后面补”，记住新识记的句子的构成成分就变成一件很轻松的事情了。

实例3

英语中合成或派生出的新词较多，如果能记住组构新词的共性，对合成或派生出的新词就易于记住了：

合成法：

将两个词依序重组为一个新词

mather—land—matherland

母亲国土祖国

派生法：

在动词后面加词缀er，表示从事该动词的人

work—worker　　read—reader　　drive—driver

工作—工人　　读—读者　　驾驶—驾驶员

实例4

记住三角函数诱导公式的共性

三角函数有54个诱导公式，记住概括出的“奇变偶不变，符号看象限”这句口诀，就可以推导出全部的诱导公式了。

在校学习的学生，如果能预先把书本中的共性提炼出来而后记忆，是最好不过的了。但从目前的状况看，绝大多数学生还做不到这一点。如果能在课后复习时，把共性从书本中抽引出来而后记忆的话，也会有利于学记效果的提高。

12. 提纲记忆法

对记忆而言，有所失才有所得，有所简化才有所强化。我国古人韩愈曾得益于此法，总结道：“记事者必提其要。”善于记忆的人，记忆的全是提炼出的“字词句段去而意留”的简化信息，少而精；不善于记忆的人，才将全部学过的东西都记忆下来，过不了多久就遗忘殆尽。

在新闻采访中，精明的记者往往只记下从对方话语中提炼出的用得着的信息；而无能力的记者才将对方谈话内容用笔全部记录下来。

马克思特别重视做原型信息的提要，将其视为一种通晓他所读过的材料的工作过程。他甚至还为他自己的藏书做提要：“从我所读过的图书中做出提要，已经成为我的习惯，例如我读列辛的《老孔僧》、索尔格的《伊尔文》、温克尔曼的《艺术史》、鲁登的《德国史》等等都是这样做的。”

在概括主题和写提要时，用的话语越少、越通俗易懂、越深入浅出、越形象生动则越好。细了容易乱，少则得，多则惑，难懂不易记忆，呆板提不起兴趣。

编写提纲便于记忆的优点有三个：一是具有直观性，一目了然；二是具有概括性，浓缩出全部信息中的精华；三是条例化，显露了主干信息的层次及关系。目录可以把分散的片断信息系统地整理出来，便于记忆，提取的时候也较为系统快捷。

做提纲目录时，首先要科学分析接收到的全部信息，按先后顺序来理解各个部分，通过综合来掌握信息的整体与脉络。然后比较、抽象与概括，提炼出各个部分的大意，找出要点、难点、类别、主要环节，最后用自己熟悉的语言以提纲目录的形式表述出来。

从重要的原型信息中筛选出易于记诵的关键字词，是精于学记的人常采用的方法。只要记住了关键字词，大都能回忆起它所代表的原型信息。

如从原型信息中筛选概括出的“五讲四美”，其原型信息是：

讲文明心灵美
讲礼貌语言美
讲卫生行为美
讲秩序环境美
讲道德品质美

相传，苏东坡在学记忆《汉书》的时候使用了筛选关键字的技法：开始时，学一段抄三字为题；第二遍学记忆时，读一段抄两字为题；第三遍学记忆时，读一段仅抄一字为题。学记忆三遍后，只要别人任提第三遍抄的任何一个字，苏东坡即能背出相应的这段文字。

这些技法如果选用得当，可抓住骨干，带动枝叶，轻松明快地绘出“知识之树”来。

经验表明，成就大业者往往不是记忆了很多信息的人，而是从小就记忆了适合于自己的有用信息的人，这就像吃饭一样，能够全面适量的摄取必需营养的人比吃得很多的人更健康。

13. 左右脑协同记忆法

爱因斯坦以相对论闻名世界。他的脑子并不像人们所想象的那样——只装逻辑性极强的系统化了的数字和公式（储存于发达的左脑中），事实上，爱因斯坦还是一位小提琴爱好者——有闲空就在右脑的指挥下拉起了小提琴。

善于让大脑两半球协同的爱因斯坦，用左脑于1905年创立了轰动世界并否定牛顿“绝对时空观”的狭义相对论。思不能止的长达十一年的具有迷恋性的思考，又使爱因斯坦在1916年的一天进行积极的休息时，从习惯于巧妙联想并富创造性想象的右脑迸发出了关于形成广义相对论的灵感。

据爱因斯坦回忆灵感突现时的情形说，他在一个夏日，躺在山边正发白日梦（即胡思乱想——在潜意识域中，依据脑贮的知识信息与实践经验进行着尚未知晓的闪电般地尝试组合或前所未有地搭配），突然，想象自己在乘着一束阳光到宇宙深处旅行，并从宇宙的另一边返回太阳系。

此时的他突然警醒到，要让这梦想成真，宇宙必须是弯曲的，空间、时间以及光线亦都应是弯曲的。于是他返回桌旁，在逻辑性极强的左半球大脑的指挥下，将右半球大脑赐予的灵感整理出来——这，就是实用价值更高、应用范围更广、逻辑性更强的广义相对论。

相对论产生于大脑两半球的相互协同中，两半球都发育最终铸就了人类科学史上的辉煌。

与爱因斯坦相对应，对绘画非常投入的名扬世界的大画家毕加索，是一位使绘画数学化和几何化的艺术家。他不仅是用发达的右脑去装入绘画的艺术讯息，还常在构思绘画草稿时让左半球大脑帮忙——转录出数学化和几何化的讯息，供右半球大脑在构思和使思维具体化的创作中使用，以增添作品的立体感和规则化。

凡人和天才的区别就在于，后者注意开发弱势半球大脑的潜能——让两个半球在处理事务时都发挥作用，而前者则大都仅利用优势半球大脑——弱势半球大脑在处理事务的过程中都闲着。

朗朗上口、节奏鲜明、欢快流畅、趣味横生的歌谣、谚语、顺口溜、口诀、韵语、寓意歌谣等，能让大脑两半球在学记中合作，学记效率有显而易见的提高。如：用缩略法编写的《二十四节气歌》：

春雨惊春清谷天，
立春雨水惊蛰春分清明谷雨。
夏满芒夏二暑连，
立夏小满芒种夏至小暑大暑。

秋处露秋寒霜降，

立秋处暑白露秋分寒露霜降。

冬雪雪冬小大寒，

立冬小雪大雪冬至小寒大寒。

对于幼儿来说，用联想想象法编写的“数字歌”对他们记忆简单数字很有帮助：

1像短棍细长条；2像天鹅水上漂；

3像耳朵听声音；4像帆船随风摇；

5像秤钩来称菜；6像豆芽咧嘴笑；

7像镰刀割青草；8像眼镜戴耳上；

9像气球能升起；0像鸡蛋做蛋糕。

中医中的“针刺四穴歌”也充分利用了概括的方法：

肚腹三里留，腰背委中求，

针刺足三里，治疗腹部疾病，

针刺委中穴，治疗腰背部疾病，

头项寻列缺，面口合谷收。

针刺列缺穴，治疗头颈部疾病，

针刺合古穴，治疗面部疾病。

用联想想象概括法编写的“巳·己·已”口诀：

堵巳（si）不堵己（自己的己），半堵才念已（已经的已）

将难记的信息编入故事，记忆效果会更好。有情节、趣味盎然、形象生动的自编故事容易被大脑记住——难记信息与所余内容建立起了牢固的有机联系，记住了故事的内容，也就记住了难记的需记信息。

有人为了轻松愉快地记住7个无聊乏味又互不相干的外语单词：风、尘埃、瞎子、三弦曲、猫、老鼠、木桶店，将其编成一个“风吹木桶店就赚钱”的故事：“起风的日子满地尘埃飞扬，尘埃飞入行人的眼睛，眼睛内有尘埃的人会变成瞎子，依靠弹三弦曲过生活的瞎子必然增多。制三弦需要猫皮，所以杀猫，猫就逐渐减少，老鼠增多，老鼠会咬木桶，木桶店的售货因此增加。”

在中国，人们至今还在用编故事的方法来记忆三十六计。比如用田忌赛马的故事，可以深入浅出地表述运筹学能出奇制胜、转败为胜的精髓，记住了这个故事，运筹学的奥妙也就在记忆者头脑中扎下了根。

14. 多通道协同记忆法

古人读书讲究“三到”，宋代学者朱熹在《训学斋规》中指出：“心不在此，则眼不看仔细，心眼既不专一，却只慢朗诵读，绝不能记，记亦不能久也。三到之中，心到最急，心既到矣，眼、口岂不到乎？”文学家苏东坡，在多年的求知生涯中，养成了抄书的习惯。他的抄书，往往不是为了积累资料，而是为了加强对书的内容的记忆。这两位先贤的做法，也许是建立在对协同记忆法良好效果有深刻体验基础上的吧！

协同记忆法应用于学习实践，主要应体现在把听、说、读、写、思和实际操作结合起来。多通道协同记忆，是利用多种感觉器官协同记忆繁难重要信息的有效手段。

心理学实验表明，通过不同的感觉器官接受的信息（由知识或经验或事件或物品或人与动物的言行等转录而成）对大脑产生的刺激强度有很大差异，因而也就产生了相差甚殊的记忆效果：

对视觉输入的信息吸收率最高，可达83%；

对听觉输入的信息吸收率次之，为11%；

对嗅觉输入的信息吸收率更次，为3.5%；

对味觉输入的信息吸收率最低，仅为1%。

尽管记忆专家们强调要善用所有的感觉器官去记忆，但非盲人却总是更常运用眼睛来吸纳大多数外界信息，也无怪乎很多人把眼睛比喻为“心灵之窗”了。

通过视觉传输信息入脑，其主要优势之一就是让大脑的两个半球协同合作，产生了“1+12”的增值记忆效应；其次是凸显层次并有认知深度，还可以通过强化图像细节去增强记忆，亦可赋予图像的相适色彩去提高视觉的转入效果。

据有人实验，交替使用视觉和听觉去接收同一信息，能够使记忆效果凸显：视听结合能记住65%；单用视觉仅能记住25%；单用听觉记住的只有15%。

有人将学生均分三组，只告诉甲组学生10张画上的内容，不让学生看画；只让乙组学生看这10张画，不讲解画上的内容；既给丙组学生讲解画上的内容，又让他们看这10张画。随后测验，甲组记住60%，乙组记住70%，丙组记住86%。

如果将需记信息寓于影视节目中，同时启动视觉和听觉的能量，对于激发学生的学习兴趣、吸引学生的注意力有极大的提升作用。现在很多有条件的学校都在使用多媒体教学方法，课堂生动有趣，能最大限度地调动学生学记的积极性。

为了使记忆时加深大脑对繁难重要而且陌生信息的印象，让其由瞬短时记忆转化为长时记忆贮存在脑中，可以让多种感觉器官协同作战，看听写相结合，如果可能的话还可以采取触摸、嗅、尝等各种方式。在大规模的复习中也可以考虑采用这种方法。

平日里可以在休闲时抽挤出一小段时间去进行两种或多种感觉器官协同记忆的练习，如在无杂音干扰的环境中进行音乐听写，仔细地倾耳细听、默写，再反复对照；全神贯注地听一首曲子，至熟后清唱，再听，再唱，直至听唱合一。在限定时间内记忆声音信息的能力就在这种训练中不知不觉得到提高。据说莫扎特自幼勤于进行这种训练，在他14岁的时候，一次听完意大利作曲家阿莱格里·格雷戈里的一首弥撒曲，回到家中，将曲子几乎完整地默写了出来。进行眼手口脑协同记忆的训练，有些重要的繁难信息，可以通过视觉观察后，用笔写下来，反复朗读，直至能背诵。过后，再抽闲暇时间不断背诵或回忆或默写。对能吃的佳品，可精察、细咀嚼、慢品味、反复嚼，而后进行综合与概括思维等。

15. 借助联想想象帮助记忆

让联想想象帮助记忆，是抵抗遗忘的最佳选择。让联想想象帮助记忆的实质，就是通过巧妙联想和丰富想象让新记忆的信息与脑贮的原有信息以结构的形式联系在一起，就像鱼被钓在钩上一起沉入“脑海”中一样。需要使用的时候，只需轻提“鱼钩”，“鱼”就会在“脑海”中浮现出来。

（1）奇妙幻想

有人为了记住“声音不能在真空中传播，热却可以”这一物理法则，通过创造性想象和奇幻联想，将其变成如下的故事：

母女在真空中亲嘴，听不到声音，却可以传播嘴唇摩擦的热。

人的大脑左半球主管逻辑（科学）思维，右半球主管形象（艺术）思维，但有人在记忆中常将二者的功能记混。对于看过或听说过电影《佐罗》的人来说，只要将逻辑思维与此电影中的主人公佐罗联想在一起去记忆就行了——一想起佐罗这个英雄（有人称“佐罗”这个人名为记忆的定位词），就连带回忆起了逻辑思维和管辖它的左半球大脑了，亦可推出形象思维是由右半球大脑管辖了。一来二去，很快就把两半球大脑的主要功能记忆牢固了。

（2）因果联想

对大多数人来说还很陌生的“马太效应”——“因为凡有的，还要加给他，叫他有余；没有的，连他所有的，也要夺过来。”（这是《圣经》马太福音中的一段话）——被美国科学家罗伯特·默顿借用来解释下述现象：“对已经出名的科学家，做出的贡献，给予的荣誉（社会肯定）越来越多；而对那些尚未成名的科学人物（家）则不肯承认他们的成绩。”

他说：“马太效应使许多新秀蒙受损失，他们的贡献往往被抹杀；马太效应有时也使虽然成名但学术见解尚未成熟的科学家在文章发表后威信扫地。”

在识记过程中，您如果能将须记的“马太效应”与身边的实事联想在一起，日后一看到身边发生的上述现象，就会马上联想起马太效应，于是马太效应就铭记于您的大脑中。

（3）对比联想

看到、听到或回忆起某一事物时，往往会联想起和它相对的事物，对各种知识进行比较，抓住其特性，可以帮助记忆，这就是对比联想法。古律诗中常用的方法是对仗，其中就有很多上句与下句对比的，想起前一句就能很自然地联想到后一句，如“两个黄鹂鸣翠柳，一行白鹭上青天”等。

若想记住治疗蜂毒有特效的苔藓液，只需与华佗发明苔藓液的趣闻联想在一起就很容易了：华佗将观察“黄蜂和蜘蛛的搏斗中，受黄蜂刺伤的蜘蛛爬上苔藓打个滚便恢复常态”的现象牢记于心，并通过对比联想，触类旁通地发明了治疗蜂毒的特效药——苔藓液。

（4）相似联想

为了记住“人的大脑装有一千亿个神经细胞，并且由这些神经细胞交织成十分复杂的神经细胞网络”这组信息，有人将神经细胞与微型计算机联想在一起，把神经细胞网络与微型计算机网络联想在一起，编织出一组形象化信息：

人的大脑好比装有一千亿架微型计算机，并且由这些微型计算机交织成十分复杂的微型计算机网络。

有人在学习地理时，将意大利半岛与形状相似的长筒靴联想到一起去记忆：一看到穿长筒靴的人，就想起了意大利半岛，没专门花时间就记牢了这个知识点。

（5）接近联想

需记忆的信息是“决策者的三种类型：A型不求大利，怕担风险。对利益的反应比较迟钝，但对损失的反应比较敏感；B型谋求大利，敢冒风险。对损失的反应比较迟钝，而对利益的反应比较敏感；C型——亦此（A）亦彼（B）型，完全按照损利值和期望值的高低来选择行动方案。”如果记忆者能将身边与之接近的真人真事联想在一起，一见到身边的这三种类型的人，就联想起需记的上述信息，这组信息就易于记牢了。

引导学生建立独体字间意义的接近联想，也有理想的记忆效果。如目与垂并联为“睡”，小和土串联为“尘”，上小下大为“尖”，家中起火为“灾”，用双手把东西分开为“掰”……

（6）由此及彼联想

由听声音联想到人物的形象，例如由听死者生前的录音联想并想象死者活着时的容貌、举止、人格、个性、特长；由听电台播放的相声联想到说相声演员的音容笑貌；由看《水浒传》中倒拔垂杨柳的花和尚鲁智深联想到电视连续剧中的演员形象；由触摸或观看名人在历史博物馆中的遗物联想到名人生前的行为举止；由品尝已故老人留下的名茶联想到已故老人的慈祥……联想得越多，想象得越清晰，记忆得也就越牢。

（7）象形谐音联想

月牙弯弯笑嘻嘻（C）

与C象形与C谐音

无论是象形还是谐音，只不过是为记忆提个醒，书写与发音还是要按照标准进行。

学会联想与想象的重要举措，是在愉悦欢畅的情境中去活跃思维，让思维的能量辐射到无所不包的领域、行业、学科、部门及事物，让在脑中扎下深根的联想与想象的技巧、方法充分地发挥作用。

16. 重视首次识记记忆法

在印度，一只大象看到它的主人掐死妻子，然后把她埋在住宅附近的花园里。当主人重新结婚时，大象把新娘带到埋尸体的地方，并用鼻子挖出了尸体。这表明，奇特的事在大象首次识记时留下了很深的印象，许多年后仍然存留于大象的脑中。

常人易于记住新鲜古怪的事物，《阿德·海莱缪》中说："人们对于每天看到的琐碎的常见的事物，一般是记不住的。若是看到或听到奇异的、不可思议的、低级丑恶的、荒诞的、巨大的等异乎寻常而又古怪离奇的事物，反倒能记忆很长时间。可见，身边的见闻常常被忽视。但是，儿童时期发生的事情却能够记忆得很牢固。'看'这个行为本身是没有变化的。可是正常的司空见惯的事物就很容易被遗忘，而奇异的事物就永远留在记忆中，这难道不是有些不合乎道理吗？"

羊皮纸书《Aao·Hellenium》记载："人不会记得一般的

平凡事情，但是看到或听到奇怪的、不可思议的、夸大的事，对于这种奇特呆笨的内容，可以记得非常的长久。”

给人的印象特别深刻，比如说，罪犯被处死的情景、被车撞到而倒在血泊中奄奄一息的人，进行商业炒作的位于商业大厦门前的大人头的表演、小汽车中的新款车型、神舟五号飞船上天的场面、站在领奖台上领奖的瞬间、新婚之夜……这样的记忆常常可以经久不忘。

现代心理学家们认为，凡是首次识记获得强烈印象的事物，如能引起人们注意的事物、能激惹起人的情绪的事物，与大脑贮存的知识、经验建立起联系的事物，就都容易被长时记忆起来。19世纪德国著名心理学家艾宾浩斯在他的《论记忆》一书中写道：“保持和复现在很大程度上依赖于在有关的心理活动第一次出现时注意和兴趣的强度。被烧伤过的儿童就避火，挨过打的狗见了鞭子就逃。”

记忆的全过程包括：识记——保持——认知或回忆。首次识记是保持的前提，保持是认知和回忆的条件。搞不好首次识记，会给认知和回忆带来极大的困难，甚或全然不能认知和回忆。漫不经心的首次识记，如同古代计时的沙漏，注进去，漏出来，什么也没有留下，被识记的信息像匆匆的过客，在大脑中稍纵即逝，认知与回忆也就更无从谈起了。

首次识记时，应采取几乎所有的适合于自己的记忆方法去增加需记信息输入脑中的印象，比如说通过巧妙联想和创造性想象，使需记信息鲜活奇特起来。

首次识记就应该是名师给予的、国际或国内或地区一流的、经过预先科学整理与浓缩的系统的重点突出又有结构联系的、富含情趣的、生鲜活跃的知识、经验、感悟、心得，而不应该是紊乱秩序的、枯燥乏味的、死板教条的知识，如果首次识记的是错误的、模棱两可的、没有重点和结构联系的知识，学习者不但会失掉学习的兴趣，还会因重复错误的信息而养成难改的劣习，即便是日后学着对的，也难将先前的错误根除。

17. 博知记忆法

记忆效果常随着背景知识的丰富而提高，尤其在记忆那些鲜为人知的知识信息与实践经验时。熟知光谱色彩正常顺序的人在自学“赤、橙、黄、绿、青、蓝、紫”这段文字后，能轻而易举地依序回忆起来。但是，一位对光谱色彩一无所知的人，却难于在自学后很严格地依序回忆起来，因为这七个词对他来说，都很陌生，都是形容词，而且互不依附，完全并列，都可能以相同的概率出现在回忆中的任何一个部位。

快速记忆总是以相适的知识背景为依托。宽深宏大的信息基础，可使建筑其上的系统记忆工程高大无比。在通常情况下，知识基础博大精深的大脑较贫知的大脑易于接受新输入的待记信息（新输入的待记信息与原贮于脑中的信息有更多建立联系的机会），大都能将其快捷、有条理地纳入原有的知识结构中。这就是心理学上所说的“抛锚”作用：

当人遇到新信息时，人脑就把原有的与之相联系的经验当锚抛下，以这抛下的锚为根据来记忆新的信息，那么新的信息就很容易与其挂靠并在大脑中固定下来。实际上，许多信息都是人们（无论是博知者还是贫知者）在无意识中利用“抛锚”作用记下的。

如果新识记的信息超越原贮于脑中的信息或与原贮于脑中的所有信息毫无联系，那么新识记的信息就难于组织到原有信息的结构网络中，结果只能依靠死记硬背来吸收，因此记忆起来就远远不如与原贮于脑中的信息挂靠在一起的新识记信息牢固和持久。

人们可以借助现代高科技手段及装置如飞船、人造卫星、潜水艇、深潜器、潜水衣、电脑和国际互联网、照相机、录音机、摄像机、复印机来博知。

此外，增加在电视或电影中学记有用信息的份额，也是博知的重要手段。加拿大的麦克卢汉形象地指出："无线电60年教授的知识，只等于电视6年的教授内容。"

18. 笔记记忆法

笔记有明显帮助记忆的作用，在我国，从古到今的很多名人，无一不在笔记的帮助下进行卓有成效的记忆活动。

我国唐代诗人李贺有随时笔"记"真知灼见、帮助脑"记"的习惯，铸就了很多名诗佳句。

清代的李慈铭，一生写了大量的笔记，长达几百万字。

鲁迅曾经借助手抄《地球浅说》的方法来帮助大脑记忆自然科学知识。

竺可桢曾经在38年里每天都抄录每日气象预报。

吴晗抄录了二十来万张小卡片来帮助记忆《明史》。

在国外，也有很多名人进行了类似的活动帮助记忆。

列宁通过作摘录和眉批笔记，来帮助大脑去记忆读过的书籍中的精粹。

托尔斯泰曾经在51年里每天都写日记，以此来帮助大脑记忆。他还说："身边永远要带着铅笔和笔记本，读书和谈话时碰到的一切美妙的地方和话语，都要把它记下来。"

果戈理在请客席间，为了帮助大脑记忆，将上齐美味佳肴的菜单全部抄了下来。

凡尔纳用手写的几百本笔记来帮助大脑记忆。

歌德的门生爱克曼通过笔"记"，来帮助大脑去记忆歌德通过语言显露出的真知灼见。

杰克·伦敦用"将各种场合下得到的真知灼见和趣闻轶事记在小纸条上"的办法帮助记忆。

美国海军人事管理研究处曾进行过旨在让笔记加思维使记忆力增强的心理学实验，并且获得了成功：

让百名受试学生同时在相同环境中收听同一录音后均分三组，让第一组按照所听的内容逐字写成笔记，让第二组先把所听的内容分列为大纲后再写成笔记，让第三组只听不记笔记。然后进行统一测验，结果笔记加思维的第二组学生记住的内容最多，高达58%，而其他两组的学生仅仅能记住所听内容的37%。

人脑具有多指向、不规则、随机性吸贮信息的机能，乐于接受记忆思路图之类的图文并茂、式样新鲜且暗蕴规律的信息。

最能帮助回忆的笔记莫过于记忆思路图了，它能在人的记忆中构筑起增强各信息间联系和顺畅回忆整体信息的强有力的联合体，是打开回忆群体（整体）信息的一把金钥匙。如果经常构思——写画——回忆它，不但能帮助大脑减轻记忆的负担，还有利于形成创造性思维技能，提高重新组合脑储信息的能力，为灵巧快地解决学习中的疑点、难点、热点问题提供助力。

除了记忆思路图能减轻记忆负荷之外，摘要笔记、内容提要或提示、阅思记提示、提纲、目录、索引、序言、结语等增添思维份额和概括力度的笔记，也有减轻记忆负荷的作用。

增加记忆牢固程度的笔记，应当首推默写和默画，其他笔记也有帮助记忆的作用。因为所有的笔记，都应该被看作是“脑”记的延伸。

19. 阅读记忆法

无论是何种阅读：出声阅读（朗读、小声念、内发音）、背诵、默读；视读、听读、摸读；忆读、非忆读；速读、慢读等，都有帮助记忆的作用。但是，它们对记忆的帮助是各有不同的。

出声阅读以读出声的形式将输入脑中的信息提取出来时，听觉器官还会在瞬间将带有感情色彩的所读信息反馈给大脑，于是就加深了它在大脑中的印象，帮了“脑”记的大忙。

视读——无音目视主要是通过视觉将知识与经验转录为信息输送给大脑，如果集中注意力，也可以使视读中的重要内容由瞬短时记忆转入长时记忆。

听读主要是通过听觉将知识与经验转录为信息输送给大脑的，如果集中注意力，也可以使听读中的重要内容由瞬时短时记忆转入长时记忆。

摸（触）读通过手等触觉器官将感知到的信息输送给大脑，如果集中注意力，也可使摸（触）读中的重要内容由瞬短时记忆转入长时记忆。

经验表明，变着法子的阅读总比不变法子的阅读对记忆的帮助要大。综合采取各种阅读方法，能帮助大脑在最短的时间内系统简明地记下最多的有用信息。

20. 科学重复记忆法

重复是学习之母。

——狄慈根

温故而知新，可以为师矣！

——孔子

操千曲而知音，观千剑而识器。

——刘勰

古今中外很多名人都有重复记忆的良好习惯。马克思每隔几年都要把读过的书中作了记号的地方和自己的笔记重读一遍。我国著名桥梁专家茅以升，80多岁高龄还能熟练地背诵圆周率小数点后一百位以内的数。有人向他请教记忆诀窍，他的回答是：“说起来也很简单：重复！重复！再重复！”据《先正读书诀》记载：“林亭（即顾炎武）十三经尽皆背诵，每年用3个月温故，余月用以知新。”

外界的知识与经验通过眼、耳、鼻、舌、手等感觉器官转录为信息（讯号）输入大脑，进行首次识记后，如果不再重复（复习），留存在大脑中的大多数信息的印痕将随着时间的推移而逐渐淡薄，最终完全消失。

被识记信息遗忘后不能恢复的起始时间叫作临界值或遗忘点，识记不同的信息有不尽相同的遗忘点，而抢在遗忘点之前重复就能长久地让信息留存在脑中。科学的重复，就是在理解的基础上运用适合于自己的方法去抵抗遗忘——在遗忘点之前的相适时间里，用对的程序、步骤、策略、方法、手段、器具进行重复。重复技巧的应用因人而异：

（1）从新的角度使识记过的信息重现

用不同器官感觉同一信息——记述有酸味的食品、添加剂与药品的名字："醋酸、山楂、灯笼果、酸浆、柠檬酸、苹果酸、酒石酸、维生素C"，通过视觉信息输入脑中被首次识记后，记忆者不时回忆这段文字，又以入口品尝实物来增强对酸味的体验，还用鼻嗅其碎裂后发出的气味。这样不但容易记住这段文字，还能区分各种物质独有的酸味。

将数字转录为新的形式记忆——苏联著名导演爱森斯坦记忆电话号码的方法是把电话号码谱成曲子来唱。

变换顺序——将中间最重要的信息拿到最后去重复，或者是拿到最前面去重复。

让需要记忆的信息重复出现在不同词语中——变个角度复习外语单词、小学生牢记语文生字的复习法。

每次都以不同的方式预习和复习——在预习时，第一次通读课文，第二次发问：精读的对象在哪里，第三次精读，第四次加大思维力度筛选提炼，第五次用关键词笔"记"；在复习时，第一次全面回忆，第二次将回忆的重点放在上次遗忘的部分，第三次对笔记进行"字去意留"的删修。

使外语的词根重现于不同的单词之中——词根及其包含

的意义是整个记忆的基础。学习一门语言文学的最佳最短的途径，是掌握它的词根，亦即那些其他单词借以形成的原生词。

分散重复与集中重复相结合

分散重复与集中重复相结合是最佳选择。有些信息需分散重复，有些信息如诗歌之类的则需集中重复。

无论是从近期还是远期的记忆效果来看，适当的分散记忆有助于巩固记忆效果。出差在旅馆认识了一个同房间的人，尽管朝夕相处了一个来月才分手，但是十年后在街头偶然相遇，还是会忘记了此人的姓名，似曾相识，却不敢相认。反之，在认识之后，若每半年见一次面，十年中仅见了20次面，但在第十一年此人来访时，还是一眼就能认出他来。这就是一个典型的分散重复优于集中重复的事例。

相关的实验证明，分散复习优于集中复习的五种事物依序是：一般材料、练钢琴、历史和经济知识、长篇非诗材料、一般课文。

（2）适度超量重复重要内容

超量重复，就是识记某一材料达到最低限度熟记时，继续重复回忆或复读（重复认知）。在战争中军队所用的口令或密码以及其他重要的只能脑记的信息，使用者为了牢记它们，常常采用超量重复的办法。

超量重复的最佳次数因人而异，因信息的繁简陌熟而异。超量200%虽然能够使保持量增加，但所耗时间却比超量150%多了许多。通常情况下，超量150%就是最佳选择。

（3）背诵

背诵能使记忆持久，使被背诵的对象由瞬时和短时记忆转化为长时记忆，延长信息在大脑中的留存时间。背诵一要“见缝插针”，机动灵活，每次不必多，一二分钟即可；二要注入热情和志趣，不能变成“有口无心”的机械运动。

（4）机械重复

当一些待记信息与大脑中的原有经验没有任何联系并且也想不出使它们发生联系的办法时，唯一能记住它们的有效方法就是重复的机械记忆。据报道，1991年在伦敦举行第一次世界记忆大赛上夺魁的34岁的英国人用机械记忆和图像记忆的方法，只用了2分29秒便记住了一副扑克牌的顺序。而他自认为这种能力是锻炼出来的。

21. 改错记忆法

“吃一堑，长一智。”错误所造成的记忆是印象深刻的，有的甚至终生难忘。错误本身不值得记忆，但是由于产生了错误，反而对正确的内容产生了深刻的印象。

现在，在语文、外语、数学等学科的考试中都有改错题，就是企图运用改错来加强学生对正确知识的记忆。

改错有三种情形：一是改正自己的记忆错误或行为；二是改正他人不自觉的根深蒂固的记忆错误或行为；三是改正他人故意设置的记忆错误或行为。

一名大学生在一次演讲时把鲁迅“逝世”误读成了“折世”，引起哄堂大笑，并由此而获得了带有贬义的“折世”的绰号。此事过后，他痛下决心提高语文水平，很快就有了超越性的发展，同学们又为他去掉了“折世”的绰号。由此看来，通过改错记准了正确的知识信息，就等于向错误索回了补偿。

人的记忆有先入为主的定势，“少小离家老大回，乡音未改鬓毛衰。”虽然久居异地，却难以忘怀少时的乡音。换句话说，错误的信息一旦持久的保持在大脑中，就会因稳定的存在而对新识记的正确信息产生抑制，使其很难在大脑中扎下根来并取代错误的信息。所以，英国剑桥大学心理学教授巴特利才说：“测定智力技能的唯一最佳标准，可能是检验摈弃谬误的速度。”

有经验的教师在课堂上故意在精粹、要害的地方卖关子，如故意把“减”的“冫”写成“氵”、把“纸”的“氏”写成“氐”、把“已”写成“己”等来让学生去改错。而这些错误，通过正确信息的再现与注意力的集中来得到改正，反而会因为印象深刻而使学生牢牢记住。

有一位语文教师在教语文时，故意读错课文的两三处，让学生批评指出并改正过来。第二天让学生试着回忆这篇课文，结果证明，学生记得最清楚的就是那几处读错后改正过来的部分。实践证明，教学时改错、考试或游戏时出改错题、工作时及时总结经验教训、比赛后善于找差距，对于认知和回忆正确的知识、信息和经验大有裨益。

现在很多综艺节目都有改错有奖的各种题目，吸引了很多观众，如中央电视台的《正大综艺》节目中，就经常会请嘉宾来判断问题的真假，寓教于乐，参与的嘉宾也大都兴致盎然。

22. 意志影响记忆法

没有明确的目标和一定的压力去调动记忆者的主观能动性，人们潜在的记忆力就无法充分发挥出来。给自己规定完成某一项记忆任务的时限，是自我施加压力的一种好方法，有了时限的压力，记忆者的精神才能得到振奋，才会得到较好的记忆效果。

据报载，第二次世界大战时美国兵空降德国前突击训练说德语的效果特别好，其原因就在于有压力，因为不会说德语的人空降后一下子就会被德国人识破，很可能会被俘，所以他们临战前训练时都很用心，结果所有的人都学会了。

许多在大的酒楼餐厅内应试的待聘生们，不用写单，就可记住每位客人所叫的饭菜，而当客人离去后又能很快地忘掉所记的内容，全力以赴去招待新入座的客人。

这表明，让他们记忆的是意志，让他们刷洗掉记住的内容也是意志。换句话说，只要你产生了记忆他们的意志，就会把它们记住；只有你产生了必须遗忘它们的意志，才会很快地让它们从大脑中尽失。

大凡有成就的人，在记信息之前，都有要记住的决心，形成了必须记住它们的强烈意图，注意力格外的集中，并创造出适合于自己的有效方法去愉快而积极地记住它们，并且不时地使用它们。日本的南博教授和奥地利心理学家弗洛伊德就是这样做的。

好的记忆效果，大都出现于增强自信心并具有欢畅愉悦的情绪之后。经常默念“天才与我的区别仅是他懂得怎样更多地使用大脑的记忆潜能”与“我也能更多地使用大脑的记忆潜能”之类的话语，有助于提升自己的记忆力。这是改善自我心理形象、克服心理障碍的好办法。

有许多人认为，头脑有好坏，记忆力的好坏也是天生的。其实记不住并不表示人的记忆力就不好。物理学家爱因斯坦有很强的记忆力，但他对不想记住的事情却漠不关心，当他举行完婚礼后，同妻子一道来到新居，开门时才发现忘了带钥匙，只得让新娘在门外久等，等他取钥匙回来开门。

记忆时最关键的是抱着能够记住的自信和决心，如果没有自信和决心，脑细胞的活动就会受到抑制，记忆力便会迟钝，久而久之，就会陷入恶性循环：没有自信→脑细胞的活动受到抑制→无法记忆→更缺乏自信。“记忆力这部机器越是开动得多就越有力量，只要你信赖它，它就有能耐”。当然，光有自信心是不够的，还要有充分的努力。每一次小小的成功，都能增强人的自信心和自尊心，从而进入良性循环。

23. 事件发散记忆法

经常记忆时空跨度大的复杂事件，是思想由简单向复杂推进的过程。威廉·詹姆斯说：“两个智力相等的人，谁越是能思考过去的经历，并能把它们有系统地联系起来，谁就有更好的记忆力。”自觉主动记忆时空跨度大的复杂事件，并且养成习惯，不但会使大脑增加对此类事件的储存，而且会容易记住新的复杂事件。

牛痘接种免疫法的问世就是一个时空跨度大的典型事例：

天花，相传于公元1世纪传入中国，流行于15世纪至17世纪，由于16世纪上半叶发明的种痘术的普及而渐渐减少，易于感染并死于此病的仅仅是那些不愿意接受种痘的人。

预防天花的免疫法从人痘接种到牛痘接种，经历了漫长的历程，还跨越了国界。

早在1000年前，中国就有了将天花疱浆——人痘痂研成细末，吹入儿童鼻孔，使其产生免疫力以预防天花的习俗。

中国的这一做法，被从中受益的外国人于17世纪传入亚欧的许多国家。

人痘接种传入英国是18世纪的事。据说，当时是英国驻土耳其的公使蒙提格在让儿子首次接种并获得成功后，回到英国，大力宣传，广为传播。

英国医生詹纳（EdwardJenner）知道这件事后，产生了浓厚的兴趣，并开始了扩大眼界的追踪观察。他在追踪观察中发现：从牲畜身上染过牛痘的人对天花有免疫性。——这种现象，许多细心的医生也同样经历过，但都漫不经心地置之脑后了。为了检验观察结果的可靠性，詹纳让自己的儿子接受实验——将猪痘接种到儿子身上，后来的事实表明儿子对天花有免疫力。詹纳在实验获得成功后，又将注意力集中到牛的身上——将牛痘接种到人身上，并于1796年（当时他已经47岁）为许多人接种牛痘。事实证明，接种牛痘的人对天花有终身免疫力。

但是，当詹纳提出用接种牛痘的方法来预防天花时，却遭到了守旧者的激烈攻击和辱骂。后来，在詹纳持续近30年的努力倡导下，在不容置疑的事实面前，越来越多的人开始采用接种牛痘的方法来预防天花。这一方法首先在英国推广开来，随后又反传到中国，越来越多的人从此受益。

这个典型的例子表明，通过记忆时空跨度大的复杂事件，既能帮助人们丰富原有知识体系，又能在原有知识的基础上进行发散思维，获得更多启迪，对于人们客观认识世界和从整体上把握重大事件有很大的帮助。在记忆中思考具有双重作用：一是通过将新的信息与记忆中已有的经验结合起来帮助记忆；二是通过运用理性的方法整理所掌握的信息来培养创造力，如分析、综合、比较同异、抽象、概括出前所未有的新信息，或组织成全新的体系。

24. “观察——模仿——习作”记忆法

语文修养的不足令当今无数学子挠头，不少人在作文方面更是捉襟见肘。提高语文修养和作文水平的有效手段之一，就是自觉地持之以恒地运用“观察——模仿——习作”的方法。

对于学生而言，刚刚开始接触作文的时候，要自己独立完成一篇习作还是比较困难的。此时不要急于求成，应该细心观察生活中的常见事物，培养对周围事物的敏感度。同时，注意研读和揣摩习作例文，在此基础上完成一些小作文。最初模仿的成分会多一些，假以时日，才能将自己的观察结果与感受和模仿融为一体，只有在不断的模仿和习作中，逐渐摆脱简单模仿的影子，才能顺理成章地进入创作的高级阶段。

据说评话（书）艺人王绍堂播讲“武松打虎”评话（书）一举成功就得益于此法：相传猫是虎的师傅（两者同属猫科），于是他就养起猫来，一有空就观察并记忆它的动作习性，还不时地模仿动作，久而久之，形神兼备，融会贯通于播讲的评话（书）“武松打虎”中，一举成功。

25. 结合经验记忆法

为了抵抗遗忘，可将单独的需记信息与经验结合着记忆，将抽象的、难懂的、陌生的知识与非抽象的、具直观性和易理解的经验结合着去记忆，让无可争辩的事实陪伴着全新的概念久居于大脑的“客房”中。

举一个简单的例子，让幼儿在识记“热”字时用手触摸装有热水的杯子，产生的识记效果要比单纯记忆单字好得多。在记忆新概念的过程中，将新概念与经验结合着记忆，将会产生记忆效率凸显的效果。

26. 学用结合记忆法

学了就用——在使用的过程中择优弃劣、去伪存真、改正谬误，是让所学的知识扎根于脑中并且得到升华和形成技能（养成习惯）的最重要的举措。

18世纪法国的卢梭之所以通过自学就能成长为著名的文学思想家，学用结合记忆法起了不可低估的作用。学了音乐，就从事乐谱创作；学了数学，就去丈量土地；学了药物学，就给华伦夫人采药、制药；学了意大利史，就替别人当翻译，进行口译练习；白天学天文学，晚间就用望远镜观察星象……

可以说，具备记忆能力是有目的地从事指向性集中的体力劳动和脑力劳动的先决条件。正确识记和准确无误地回忆是劳动的重要素质。

脑力劳动需要记忆，体力劳动需要记忆，体脑结合的劳动更需要记忆。记忆能够帮助人们更熟练地掌握劳动技巧，进行“熟能生巧、功能加速”的训练与劳作，生产出生活、学习、工作、娱乐所必需的物质产品和精神产品。

记忆得益于劳动，无论是脑力劳动还是体力劳动，或者是体力与脑力结合的劳动，都能使属于心理活动范畴的记忆在思维具体化的不断实践中重复进行而得以巩固。

27. 速度相适记忆法

每个人都有适合于自己的记忆速度，即习惯了的记忆速度。相适的速度可使记忆效果提高，并且能够更多地记住需记信息。有人做过如下的心理学实验：

将受试者分为三组，每组的智力水平及学习成绩大致相同，让他们用不同时间读完同一篇材料，然后测试复述成绩，结果如下：

复述意义连贯内容的得分

第一组用2min时间读完6.3分

第二组用6min时间读完9.5分

第三组用10min时间读完5.2分

上述结果表明，记忆效果最好的是读速居中的第二组。第一组记忆速度过快，思维时间不足，对需记信息的理解不够深入，类似于生活中常说的“贪多嚼不烂”型，近4/10的需记信息在大脑中犹如匆匆过客，一闪而过；第三组记忆速度过慢，思维过程中容易出现“空档”，神经系统容易出现惰性或者是注意力散向而不由自主地“开小差”；只有第二组的记忆速度既不慢也不快，有恰到好处的思维时间，对需记信息也理解得比较深透，仅仅有5%的需记信息成为大脑中的过客，其余的信息都转入长时记忆中。

所以，每位在学者都应该在记忆实践中体验摸索，找出适合于自己的记忆速度，并结合生理年龄作适当调整。

从生理学角度讲，步入中年，随着年龄的增长，须注意适当放慢记忆速度。因为脑细胞越来越少，非脑部件的衰老渐渐显现，精力不像年轻时那样充沛，生活压力与使人分心的因素也在增加。

28. 辅助动作记忆法

某种适合于自己的辅助性动作，有利于记忆活动的进行。

东德的略泽尔感悟到：记忆中的走动可以激励接收过程，使之更加活跃，从而产生既增强接收能力又提高记忆效率的双重效应。他还在《记忆力训练》一书中向读者介绍了马克思喜欢在记忆中走动的例子：

马克思的女婿写道：“可以说，他在自己书房里踱步就是在工作，只是为了把在踱步中想到的东西记录下来，他才在桌前稍微坐一坐。在门与窗之间的地毯上踏出了一条痕迹，恰似穿过草地的一条小路。”

心理学家弗洛伊德少年时，每当要记住拉丁文的词尾变化或希腊文法时，总是在适合于自己集中注意力的环境——圆桌和墙壁之间来回踱步，并不时地叩打着圆桌或墙壁。他认为，适合于自己的环境加上身体轻快的节奏，能在记忆时沉浸在快感中。

演讲艺术高超的西赛罗在演讲时不看讲稿，演讲前也是靠踱步来促进记忆的。

平稳的踱步，可以使记忆活动有条不紊地进行，紧要的时候更加从容不迫。世界上不少名人如贝多芬、托尔斯泰、黑格尔、蒙哥马利元帅等等，在从事创作或制定战略时，也都养成了在书房里踱步的习惯，以此来促进记忆思维活动从容不迫地进行。

29. 争论记忆法

古人也叫切磋。争论是一种有机会通过别人来修改完善或否定自己所记信息的方式。其过程就是利用回忆起来的信息组构而成的论据说明论点的论证过程。

在争论过程中，争论者进行积极地思维，重要的论据和论点可能被重复多次，便在不自觉中强化了记忆效果。

如果自己提出的论据站不住脚，被对方用可信服的论据所驳倒，争论后还会因放弃自己的论点与论据而使大脑得以净化，并首次将对方正确的论点与充分的论据及顺畅达理的论证过程记入脑中，使原有的经验得以更新。

争论能形成有利于记忆的热烈气氛，这种气氛有利于散向注意力的集中和强烈神经联系的建立，还能引起对争论问题的兴趣，也锻炼并提高了逻辑思维能力，对争论问题的记忆在大脑的两个半球协同合作中得到了强化，特别有助于事后回忆。

经验表明，对容易混淆、自己拿不准的问题，通过争论来记忆是卓有成效的；明辨是非，是争论的另一收获。三个人同时观看一个实验——“石头拴在绳子上，抓住绳子的另一头用力挥舞转圈，绳断，石头沿切线方向飞出。”然后讨论是什么力量使石头沿切线方向飞出，甲说是离心力，乙说是惯性，丙说是惯性离心力。

最终，乙用下述论据来论证使甲丙信服并放弃了各自的论点：

“根据牛顿第三定律，向心力和离心力是作用力与反作用力，大小相等，方向相反，作用在不同物体上。打圈时，向心力作用在石头上，离心力作用在手上，因此石头飞出肯定不是离心力的作用；根据牛顿第二定律，石头如受到惯性离心力，将产生加速度，而事实上石头并没有产生加速度，因此丙说的也是错误的；作圆周运动的石头受向心力的作用，绳子断时，石头则不受向心力的束缚（作用）。根据牛顿第一定律，石头将沿切线方向做匀速直线运动，这正是物体的‘惯性’”。

显然，争论使事实更加清楚、明了了。人们因争论而认知并记住了正确知识。

争论是一种特殊的回忆与出声语言相结合的重复记忆的方法。有时能使尚未扎根的记忆和欠缺自信的记忆变成确实的记忆，还可使脑贮的以往经验在争论中发展完善。

30. 交友记忆法

顾炎武反对“独学无友”和“久处一方”。他认为这不利于接受新的信息和记忆活动的进行，久而久之会成为“井底之蛙”。

增强记忆的灵感会在与朋友交谈的过程中无意迸发，非常难得。交往对于有准备的头脑来说，是一种珍贵的可利用资源。

带着问题去交往，在交往中增进记忆，不但能拓宽眼界，提高处理各种问题的能力，还多记忆了很多有用的信息，并且由于其中的一部分需记内容在与朋友交谈的过程中得到解决而大大减轻了非交往时间里大脑对需记信息的记忆负担。“三人行，必有我师焉”，你的学友或其他朋友固然有不如你的地方，但也有胜过你的地方。进行有意义的思想交流，会使你多记一些有价值的信息。

英国作家萧伯纳形象地说：“如果你有一个苹果，我有一个苹果，彼此交换，那么每人只有一个苹果。如果你有一种思想，我有一种思想，彼此交换，我们每个人就有了两种思想，甚至多于两种思想。”社会交往，比从书本上获得信息具有内容更广泛、渠道更直接、速度更迅捷等特点。随着交往范围的扩大，几十、几百乃至成千上万人交换思想，那么每个人就可能记得几十、几百乃至成千上万种思想。

若想全面地提高记忆效率，需要多选择几种适合于自己的方法去记忆，选择的记忆方法越多，运用得越合理、越科学，记忆效率越快。如果选择了两种以上的适合于自己的方法去记忆的话，就得像弹钢琴的名手那样，十指并动但有轻有重，让被选用的方法相互协同，互补增值，使记忆的效果全面凸显。如果能创造出适合于自己的记忆方法来，并且在使用中顾此不失彼，记忆潜能定会得到长足发挥。

第二章 思维力的基本理论

思维是什么？

一、思维的定义

“思维”一词在英语中为thinking，在汉语中，“思维”与“思考”、“思索”是同义词或近义词。《词源》中说：“思维就是思索、思考的意思。”

思维科学认为，思维是人接受信息、存贮信息、加工信息以及输出信息的活动过程，而且是概括地反映客观现实的过程，这就是思维本质的信息论观点。

从生理学上讲，思维是一种高级生理现象，是脑内一种生化反应的过程，是产生第二信号系统的源泉。所谓第二信号系统，是以语言作为刺激的反应系统，与第一信号系统——以电、声、光等为感官直接接收的信号作为刺激的反应系统相区别。

从思维的本质来说，思维是具有意识的人脑对客观现实的本质属性、内部规律的自觉的、间接的和概括的反映。

1. 思维的要素

思维包含“思维对象”和“思维主体”两个要素。

思维对象，就是人们的思维所指向的目标。从思维方法的角度来考察思维对象，主要特点表现在“无穷多的数量”、“无穷多的属性”和“无穷多的变化”三个方面。

思维主体，就是从事实践活动的人或正在进行思考的人的头脑。

2. 思维的特性

（1）概括性与间接性

概括性是思维最显著的特性。概括是思维活动的速度、灵活迁移程度、广度和深度、创造程序等智力品质的基础。概括性越高，知识性越强，迁移越灵活，一个人的智力和思维能力、创造能力就越发达。

间接性就是思维凭借知识经验对客观事物进行间接反映。由于思维的间接性，人类才可能超越感知觉提供的信息，通过“去粗取精，去伪存真，由此及彼，由表及里”的思维活动，认识事物的不直接作用于人的感官的各种属性，揭露事物的本质规律，预见事物的发展变化。

（2）逻辑性和形象性

逻辑性反映出思维是一种抽象的理性认识，表明思维过程有一定的形式、方法和规律。

形象性指思维常借助形象化的材料来进行，形象既是思维的载体，也是思维的工具。

大多数情况下，思维活动常是逻辑性与形象性共同起作用。

（3）统一性和差异性

统一性指思维的人类性和普遍性。英国思维学家德波诺对不同民族的思维比较后指出：在直接受业于他的思维训练的十几万人中，尽管在年龄、能力、兴趣、种族、民族和社会文化背景等方面有很大的不同，但在最基本的思维层次上，反应却惊人的一致。

人类思维能力的最基本的东西是一致的，但并不是说人与人之间在思维上就没有差别。恰恰相反，每个人深层上的思维常常有很大的不同。差异性包括民族差异性、文化差异性和个体差异性。对于个体而言，思维差异性具有更重要的意义，它有助于个体认识自己的思维，选择恰当的思维训练形式和方法。

（4）历史性与现实性

思维的历史性表现为人类思维总体发展的历史性和某种思维发展的历史性两方面。总的来看，人类思维的发展越来越抽象化、精确化、系统化、多样化、模式化。思维的历史性提醒人们既不固守传统思维模式，又不能割裂历史。

思维的现实性要求我们认清当代社会发展的趋势，在选择思维训练的内容与形式、类型和方法时，充分考虑现实的要求，扬弃传统的思维方式并努力培养新型的现代化的思维方式和方法。

（5）言语性

思维的工具是语言。思维是在语言材料基础上进行的（辞海），思维的每一步都离不开概念（词），言语是思维的外壳，是思维的载体。思维不是借助于声音和写在纸上的外部语言，而是靠在心里默默进行的内部言语实现的。

3. 思维的过程

一个典型的思维过程由准备、立题、搜索、捕获和解释构成。

（1）准备

即信息积累阶段。一种是学习性的，一种是搜集性的。前者没有具体目标，只为积累更多知识，以利于今后解决更多的问题；后者有明确目标，为准备解决某个具体问题而积累信息，有针对性。

（2）立题

是思想上的跃升，是思维的一个新阶段。从信息的角度看，立题就是思维主体对已经接受的基本信息的一个总的反映或跃迁、繁衍和深化的表现形式。

（3）搜索

为解决问题，需要继续在原有的思维阶段进行新的思维，这就是搜索。搜索是明确目标下的思维，是围绕目标进行的有针对性的、全方位的思维。

搜索的思维过程包括问题分解和设计搜索方案两个阶段，可以运用个体思维，借助社会思维，还可借助机械仪器。

（4）捕获

捕获即搜索的结果——获取。捕获是解决问题的一种跃升。一次捕获就是上一个阶梯。

捕获有思想捕获和实事捕获两种形式。实事捕获常常来自资料查询和实验观察等。思想捕获更能使问题的解决跃上一个新的阶梯。

（5）解释

又叫接通。解决问题的过程随着搜索——捕获而逐渐升级，逐渐明朗化，经适当步骤之后，再实行一次对全过程的综合整理，这叫接通。

接通思维在解决问题全过程中的每一阶段都是需要的，如在立题前的信息积累过程中，没有接通也就是综合思维就不可能产生立题的飞跃。

二、关于思维能力

1. 思维能力构成因素分析

（1）思维能力是学习能力、效果与智力因素的综合反映

思维能力的影响因素可以分为先天与后天两类。一个人仅有先天智力而无后天勤奋仍然不会有很大出息。学问越到深处、年龄越大，后天因素的作用就越大。勤能补拙即有此意。

（2）思维能力与思维习惯的培养

有关具有思维习惯的人群分布规律与知识层次有关。对同一知识层次的人群，又与年龄有关。知识层次或受教育的层次越高，具有思维习惯的人越多。

真正养成思维习惯的人中，成年人和知识分子比例较大。养成思维习惯的人善于发现新问题，具有对事物的敏感性。

（3）思想的活跃性

包括思维敏捷性和灵感的频率两方面。这两方面的素质既来自先天遗传，也来自后天训练。后天训练中，教育者的教育风格也很重要。

（4）思维的成熟性

成熟性建立在经验和思维习惯的基础上。经历是催熟的必要过程，一个人对任何事物的认识，只有经过独立思考，对其有了自己的观点和见解，才谈得上认识的成熟性。成熟的人不人云亦云，而是持重、稳定、理智。

2. 影响思维能力培养的因素

（1）注意力

注意，是人的身心指向和集中于一定事物时的意向活动。注意力越强，印象就越深刻，越能促进思维力的发展。

（2）直觉力

直觉力是根据对事物的生动知觉印象，直接把握事物的本质和规律。直觉力常常表现了人的领悟能力和创造力，猛然觉察出事物的本来意义，使问题得到突然的醒悟。

（3）分析力

分析，是把客观事物的整体分解为各个部分、方面、要素，逐个加以研究的方法。对事物的分析过程，实质上是透过现象认识本质的过程。如果没有分析能力，思维常常无法进行。

分析能力一般有求质分析、因果分析、解说分析、对比分析、全面分析等。

（4）想象力

想象是在现实形象的基础上，通过大脑的回忆、加工和新的综合，创造出新形象的心理过程。想象是人类独有的高级心理功能，能把世界上许多事物联系起来，扩大认识范围，使人类的认识不受时间和空间的限制。想象是思维能力的重要组成部分，如果一个人的想象力不够，他的思维能力也不会强到哪里去。

（5）知识积累能力

知识是思维之本，思维是知识之魂。知识是思维的基本要素，是思维赖以存在的基础。既是思维的内容又是思维的产物。思维是运用已有的知识去分析、思考、解决问题，并获得新知识。没有大脑思维的创造性活动，就不会有知识的产生。

思维训练的层次越高，难度越大，对知识修养的要求越高。为了满足思维能力发展的需要，必须学习一些最前沿的知识。这种新知识的学习过程本身就是一种思维训练。

三、思维的分类

从抽象性来分，主要可分为：

（1）直观行为思维

直接与物质活动相联系的思维，又叫感知运动思维。孩子最初的思维往往是直观行动思维。运动员对技能和技巧的掌握也需要直观行动思维做基础。这种思维主要是协调感知和动作，在直接接触外界事物时产生直观行动的初步概括，感知和动作中断，思维也就终止。

（2）具体形象思维

以具体表象为材料的思维，是一般形象思维的初级阶段。它借助于鲜明、生动的表象和语言。在文艺创作中经常运用。

（3）抽象逻辑思维

以抽象概念为形式的思维，是人类思维的核心形态。它主要依靠概念、判断和推理进行思维，是人类最基本也是运用最广泛的思维方式。一切正常的人都具备逻辑思维能力，但一定有高下之分。

以目的性来看，可以分为：

（1）上升性思维

以实践所提供的个别性经验为起点，把个别经验上升为普遍性的认识。个别性思维大多来自日常的生活体验，过于直接和个性化，因而不具有普遍的指导意义，其真实性有待实践检验，最终上升为普遍性认识。

（2）求解性思维

围绕问题展开思维，依靠已有的知识去寻找与当前现状之间的中间环节，从而使问题获得解决。如小孩子解答数学题，先分析已知条件，看看问题，最后再找由条件到问题之间的桥梁。

（3）决断性思维

以规范未来的实验过程或预测其效果为中心的思维。遵循具体性、发展转化、综合平衡三条原则。

从智力品质上划分，可以分为：

（1）再现思维

是依靠过去的记忆而进行的思维。把已经学过的知识原封不动地照搬套用，就属于这一种。

（2）创造思维

依赖过去的经验和知识，但却是把它们综合组织而形成全新的东西。如把已经学过的几个数学公式综合起来运用到某个具体的问题上来。那些被称作有发明天赋的人，就是善于进行这种创造思维的人。

从思维技巧上看，还可分为：

（1）归纳思维

从一个个具体的事例中，推导出它们的一般规律和共通结论的思维。

（2）演绎思维

把一般规律应用于一个个具体事例的思维。在逻辑学上又叫演绎推理。它是从一般的原理、原则推及到个别具体事例的思维方法。

（3）批判思维

一面品评和批判自己的想法或假说，一面进行思维。在解决问题的时候，历来都强调批判思维。批判思维包括独立自主、自信、思考、不迷信权威、头脑开放、尊重他人等六大要素。

（4）集中思维

从许多资料中，找出合乎逻辑的联系，从而导出一定的结论。对几种解决方案加以比较研究，从而导出一种解决办法的，就属于这种思维。

（5）侧向思维

利用“局外”信息来发现解决问题的途径的思维，如同眼睛的侧视。侧向思维就是从其他领域得到启示的思维方法。

（6）求异思维

也叫发散性思维。同一个问题探求多种答案，最常见的就是数学中的一题多解或语文中的一词多义。

（7）求证思维

就是用自己掌握的知识和经验去验证某一个结论的思维。求证思维的结构包括论题、论据和论证方式。每个人每天都会用到求证思维。

（8）逆向思维

从反面想，看看结果是什么。

（9）横向思维

简单地说就是左思右想，思前想后。这种思维大都是从与之相关的事物中寻找解决问题的突破口。横向思维的思维方向大多是围绕同一个问题从不同的角度去分析，或是在对各个与之相关的事物的分析中寻找答案。

（10）递进思维

从目前的一步为起点，以更深的目标为方向，一步一步深入达到的思维。如同数学运算中的多步运算。

（11）想象思维

就是在联想中思维，这是在已知材料的基础上经过新的配合创造出新形象的思维，是由此及彼的过程。

（12）分解思维

把一个问题分解成各个部分，从每个部分及其相互关系中去寻找答案。

（13）推理思维

通过判断、推理去解答问题。也是一种逻辑思维。先要对一个事物进行分析、判断，得出结论再以此类推。

（14）对比思维

通过对两种相同或是不同事物的对比进行思维，寻找事物的异同及其本质与特性。

（15）交叉思维

从一头寻找答案，在一定的点暂时停顿，再从另一头找答案，也在这点上停顿，两头交叉汇合沟通思路，找出正确的答案。在解决较为复杂的问题时经常要用到这种思维，如“围魏救赵”。

（16）转化思维

在解决问题的过程中遇到障碍时，把问题由一种形式转换成另一种形式，使问题变得更简单、更清晰。

（17）跳跃思维

跳过事物中的某些中间环节，省略某些次要的过程，直接达到终点。

（18）直觉思维

一次性猛然接触事物本质的思维，它是得出结论后再去论证。这种思维需要平时对事物本质认识的积累。直觉思维由显意识→潜意识→显意识构成一个动态整体结构，以整体性和跃迁性区别于其他思维形式。

(19) 渗透思维

分析问题时，看到错综复杂的互相渗透的因素，通过对这些潜在因素关系的分析解决问题。

(20) 统摄思维

凭借思维来把握事物的全貌，并统摄推论各个环节。它是用一个概念取代若干个概念，是一种高度抽象的思维。

(21) 幻想思维

"脱离现实性"是它最主要的特点。幻想思维可以在人脑中纵横驰骋，也可在毫无现实干扰的理想状态下，进行任意方向的发散，从而构成了创造性思维的重要组成部分。

因为幻想的脱离实际，也就无法避免错误的产生，但只要幻想最终能回到现实中来并加以现实的检验，错误就会被发现和纠正。

(22) 灵感思维

人们在创造过程中达到高潮阶段以后出现的一种最富有创造性的思维突破。它常常以"一闪念"的形式出现，是由人们潜意识思维与显意识思维多次叠加而形成的，也是人们进行长期创造性思维活动达到的一种境界。

(23) 平行思维

是为了解决一个较为大型的问题，需要从不同的方向寻求互不干扰、互不冲突即平行的方法来解决问题的一种思路。它也是发散思维的一种形式。

(24) 组合思维

在思维过程中，通过对若干要素的重新组合，产生新的事物或是创意。组合法是根据需要，将不同的事物组合在一起，从而创造出新的事物。

（25）辩证思维

以变化发展的视角认识事物的思维方式，通常被认为与逻辑思维相对立。运用辩证法的规律进行思维，主要是运用质与量互相转化、对立统一、否定之否定三个规律。

（26）综合思维

就是多种思维方式结合起来运用。很多问题光靠一种思维方式是不能解决的，必须有多种思维方式综合运用才能解答。

理论上说，分类越详尽越好。但有些思维方式在训练与应用的过程中并不需要严格区分，一是很多思维方式总是共同起作用，二是有些思维方式统一在某种思维方式之中。

四、七种重要思维

1. 系统思维

（1）概念

系统是一个概念，反映了人们对事物的一种认识论，即系统是由两个或两个以上的元素相结合的有机整体，系统的整体不等于其局部的简单相加。这一概念揭示了客观世界的某种本质属性，有无限丰富的内涵和外延，其内容就是系统论或系统学。系统论作为一种普遍的方法论是迄今为止人类所掌握的最高级思维模式。

系统思维是指以系统论为思维基本模式的思维形态，它不同于创造思维或形象思维等本能思维形态。系统思维能极大地简化人们对事物的认知，给我们带来整体观。

按照历史时期来划分，可以把系统思维方式的演变区分为四个不同的发展阶段：古代整体系统思维方式——近代机械系统思维方式——辩证系统思维方式——现代复杂系统思维方式。

（2）方法

A. 整体法

是在分析和处理问题的过程中，始终从整体来考虑，把整体放在第一位，而不是让任何部分的东西凌驾于整体之上。

整体法要求把思考问题的方向对准全局和整体、从全局和整体出发。如果在应该运用整体思维进行思维的时候，不用整体思维法，那么无论在宏观或是微观方面，都会受到损害。

B. 结构法

进行系统思维时，注意系统内部结构的合理性。系统由各部分组成，部分与部分之间组合是否合理，对系统有很大影响。这就是系统中的结构问题。

好的结构，是指组成系统的各部分间组织合理，是有机的联系。

C. 要素法

每一个系统都由各种各样的因素构成，其中相对具有重要意义的因素称之为构成要素。要使整个系统正常运转并发挥最好的作用或处于最佳状态，必须对各要素考察周全和充分，充分发挥各要素的作用。

D. 功能法

是指为了使一个系统呈现出最佳态势，从大局出发来调整或是改变系统内部各部分的功能与作用。在此过程中，可能是使所有部分都向更好的方面改变，从而使系统状态更佳，也可能为了求得系统的全局利益，以降低系统某部分的功能为代价。

2. 辩证思维

（1）概念

辩证思维是指以变化发展视角认识事物的思维方式，通常被认为是与逻辑思维相对立的一种思维方式。在逻辑思维中，事物一般是“非此即彼”“非真即假”，而在辩证思维中，事物可以在同一时间里“亦此亦彼”“亦真亦假”而无碍思维活动的正常进行。

辩证思维模式要求观察问题和分析问题时，以动态发展的眼光来看问题。

辩证思维是唯物辩证法在思维中的运用，唯物辩证法的范畴、观点、规律完全适用于辩证思维。辩证思维是客观辩证法在思维中的反映，联系、发展的观点也是辩证思维的基本观点。对立统一规律、质量互变规律和否定之否定规律是唯物辩证法的基本规律，也是辩证思维的基本规律，即对立统一思维法、质量互变思维法和否定之否定思维法。

（2）方法

①联系。就是运用普遍联系的观点来考察思维对象的一种观点方法，是从空间上来考察思维对象的横向联系的一种观点。

②发展。就是运用辩证思维的发展观来考察思维对象的一种观点方法，是从时间上来考察思维对象的过去、现在和将来

的纵向发展过程的一种观点方式。

③全面。就是运用全面的观点去考察思维对象的一种观点方法，即从时空整体上全面地考察思维对象的横向联系和纵向发展过程。换言之，就是对思维对象作多方面、多角度、多侧面、多方位的考察的一种观点方法。

3. 逻辑思维

（1）概念

逻辑思维是指符合某种人为制定的思维规则和思维形式的思维方式，我们所说的逻辑思维主要指遵循传统形式逻辑规则的思维方式。常称它为“抽象思维”或“闭上眼睛的思维”。

逻辑思维是人脑的一种理性活动，思维主体把感性认识阶段获得的对于事物认识的信息材料抽象成概念，运用概念进行判断，并按一定逻辑关系进行推理，从而产生新的认识。逻辑思维具有规范、严密、确定和可重复的特点。

（2）特征

概念的特征：内涵和外延。

判断的特征：一是判断必须对事物有所断定；二是判断总有真假。

推理的特征：演绎推理的逻辑特征是：如果前提真，那么结论一定真，是必然性推理；非演绎推理的逻辑特征是：虽然前提是真的，但不能保证结论是真的，是或然性推理。

（3）方法

①定义。是揭示概念内涵的逻辑方式。是用简洁的语词

揭示概念反映的对象特有属性和本质属性。定义的基本方法是“种差”加最邻近的“属”概念。定义的规则：一是定义概念与被定义概念的外延相同；二是定义不能用否定形式；三是定义不能用比喻；四是不能循环定义。

②划分。是明确概念全部外延的逻辑方法，是将“属”概念按一定标准分为若干种概念。划分的逻辑规则，一是子项外延之和等于母项的外延；二是一个划分过程只能有一个标准；三是划分出的子项必须全部列出；四是划分必须按属种关系分层逐级进行，不可以越级。

4. 发散思维

（1）概念

发散思维是指大脑在思维时呈现的一种扩散状态的思维模式，比较常见，它表现为思维视野广阔，思维呈现出多维发散状。

发散思维又称辐射思维、放射思维、扩散思维或求异思维。

（2）特性

①流畅性。就是观念的自由发挥。指在尽可能短的时间内生成并表达出尽可能多的思维观念以及较快地适应、消化新的思想观念。机智与流畅性密切相关。流畅性反映的是发散思维的速度和数量特征。

②变通性。就是克服人们头脑中某种自己设置的僵化的思维框架，按照某一新的方向来思索问题的过程。

变通性需要借助横向类比、跨域转化、触类旁通，使发散思维沿着不同的方面和方向扩散，表现出极其丰富的多样性和多面性。

③独特性。指人们在发散思维中做出不同寻常的异于他人的新奇反应的能力。独特性是发散思维的最高目标。

④多感官性。发散性思维不仅运用视觉思维和听觉思维，而且也充分利用其他感官接收信息并进行加工。发散思维还与情感有密切关系。如果思维者能够想办法激发兴趣，产生激情，把信息情绪化，赋予信息以感情色彩，会提高发散思维的速度与效果。

（3）方法

①一般方法

材料发散法——以某个物品尽可能多的“材料”，以其为发散点，设想它的多种用途。

功能发散法——从某事物的功能出发，构想出获得该功能的各种可能性。

结构发散法——以某事物的结构为发散点，设想出利用该结构的各种可能性。

形态发散法——以事物的形态为发散点，设想出利用某种形态的各种可能性。

组合发散法——以某事物为发散点，尽可能多地把它与别的事物进行组合成新事物。

方法发散法——以某种方法为发散点，设想出利用方法的各种可能性。

因果发散法——以某个事物发展的结果为发散点，推测出造成该结果的各种原因，或者由原因推测出可能产生的各种结果。

②假设推测法

假设的问题不论是任意选取的，还是有所限定的，所涉及的都应当是与事实相反的情况，是暂时不可能的或是现实不存在的事物对象和状态。

由假设推测法得出的观念可能大多是不切实际的、荒谬的、不可行的，这并不重要，重要的是有些观念在经过转换后，可以成为合理的有用的思想。

③集体发散思维

发散思维不仅需要用上我们自己的全部大脑，有时候还需要用上我们身边的无限资源，集思广益。集体发散思维可以采取不同的形式，比如我们常常戏称的“诸葛亮会”。

5. 形象思维

（1）概念

形象思维是指以具体的形象或图像为思维内容的思维形态，是人的一种本能思维，人一出生就会无师自通地以形象思维方式考虑问题。

形象思维内在的逻辑机制是形象观念间的类属关系。抽象思维是以一般的属性表现着个别的事物，而形象思维则要通过独具个性的特殊形象来表现事物的本质。因此说，形象观念作为形象思维逻辑起点，其内涵就是蕴含在具体形象中的某类事物的本质。

（2）作用

形象思维是反映和认识世界的重要思维形式，是培养人、教育人的有力工具，在科学研究中，科学家除了使用抽象思维以外，也经常使用形象思维。在企业经营中，高度发达的形象思维，是企业家在激烈而又复杂的市场竞争中取胜不可缺少的重要条件。高层管理者离开了形象信息，离开了形象思维，他所得到信息就可能只是间接的、过时的甚至不确切的，因此也就难以做出正确的决策。

（3）特性

主要有：形象性、想象性、直接性、敏捷性、创造性、思维结果的可描述性、情感性等。

（4）方法

①模仿法。以某种模仿原型为参照，在此基础之上加以变化产生新事物的方法。很多发明创造都建立在对前人或自然界的模仿的基础上，如模仿鸟发明了飞机，模仿鱼发明了潜水艇，模仿蝙蝠发明了雷达。

②想象法。在脑中抛开某事物的实际情况，而构成深刻反映该事物本质的简单化、理想化的形象。直接想象是现代科学研究中广泛运用的进行思想实验的主要手段。

③组合法。从两种或两种以上事物或产品中抽取合适的要素重新组合，构成新的事物或新的产品的创造技法。常见的组合技法一般有同物组合、异物组合、主体附加组合、重组组合四种。

④移植法。将一个领域中的原理、方法、结构、材料、用途等移植到另一个领域中去，从而产生新事物的方法。主要有原理移植、方法移植、功能移植、结构移植等类型。

6. 逆向思维

（1）概念

逆向思维是一种比较特殊的思维方式，它的思维取向总是与常人的思维取向相反，比如人弃我取，人进我退，人动我静，人刚我柔等等。这个世界上不存在绝对的逆向思维模式，当一种公认的逆向思维模式被大多数人掌握并应用时，它也就变成了正向思维模式。

逆向思维并不是主张人们在思考时违逆常规，不受限制地胡思乱想，而是训练一种小概率思维模式，即在思维活动中关注小概率可能性的思维。

逆向思维是发现问题、分析问题和解决问题的重要手段，有助于克服思维定式的局限性，是决策思维的重要方式。

（2）特性

①反向性。反向性是逆向思维的重要特点，也是逆向思维的出发点，逆向思维离开了它也就不存在。

②异常性。逆向思维总是采取特殊的方式来解决问题，这是它的异常性。

③“悖论”。反向性和异常性的存在，使得逆向思维在实践中常给人“悖论”的特性。牛顿的物理学、相对论和量子力学，其中就包含了对立物共存和互相作用的逆向思维观念。

（3）类别

①反向思维。通常对普遍接受的信念或做法进行质疑，然后察看它的反面是什么。如果对立面是有道理的，那么就朝对

立面方向进行。在如下情况下，可以进行反向思维：一是考虑要做某种相反的事情；二是考虑用其对立面来取某物；三是如果意识到别人是错的，而你是正确的，但你仍然认为对方错误的观点中也有值得肯定的地方。

②雅努斯式思维。在人的大脑里构想或引入事物的正反两个方面，并使它们同时并存于大脑里，考虑它们之间的关系，相似之处、正与反、相互作用等，然后创造出新事物。这种双面思维相当艰难，因为它要求保持两个对立面并存在你的大脑中，是一种大脑技能。

③黑格尔式思维。采取一种观念，容纳它的反面，然后试着把两者融合成第三种观念，即变成一种独立的新观念。这种辩证的过程需要三个连续的步骤：论题、反题以及合题。

（4）方法

①怀疑法。有一种敢于怀疑的精神，打破习惯，反过来想一下，这种精神越强烈越好。习惯性做法并不总是对的，对一切事物都报有怀疑之心是逆向思维所需要的。

②对立互补法。以把握思维对象的对立统一为目标。要求人们在处理问题时既要看到事物之间的差异，也要看到事物之间因差异的存在而带来的互补性。

③悖论法。就是对一个概念、一个假设或一种学说，积极主动从正反两方面进行思考，以求找出其中的悖论之处。

④批判法。对言论、行为进行分辩、评断、剖析，以见正理。以批判法来进行逆向思维仍然需要以一般性的思维技能为基础，比如比较、分类、分析、综合、抽象和概括等。

⑤反事实法。在心理上对已经发生了的事件进行否定并表征其原本可能出现而实际未出现的结果的心理活动，是人类意识的一个重要特征。这就是反事实思维。主要有加法式、减法式、替代式三种类型。

7. 灵感思维

（1）内涵

灵感直觉思维活动本质上就是一种潜意识与显意识之间相互作用、相互贯通的理性思维认识的整体性创造过程。

灵感直觉思维作为高级复杂的创造性思维理性活动形式，它不是一种简单逻辑或非逻辑的单向思维运动，而是逻辑性与非逻辑性相统一的理性思维整体过程。

（2）特点

①突发性和模糊性。由于是没有在显意识领域单纯地遵循常规逻辑过程所形成，所以灵感直觉思维产生的程序、规则以及思维的要素与过程等都不是被自我意识能清晰地意识到的，而是模糊不清、“只可意会不可言传”的。

②独创性。独创性是定义灵感思维的必要特征。不具有独创性，就不能叫灵感思维。

③非自觉性。其他的思维活动，都是一种自觉的思维活动，灵感直觉思维的突出性，必然带来它的非自觉性。

④思维灵活活动的意象性。在灵感直觉思维活动过程中，潜意识领域或显意识领域总伴有思维意象运动的存在。没有意象的暗示与启迪就没有思维的顿悟。

⑤思维高度灵活的互补综合性。思维高度灵活的综合互补性是其思维的重要特征，如潜意识与显意识的互补综合，逻辑与非逻辑的互补综合，抽象与形象的互补综合等等。

（3）方法

①久思而至。指思维主体在长期思考竟日不就的情况下，暂将课题搁置，转而进行与该研究无关的活动。恰好是在这个“不思索”的过程中，无意中找到答案或线索，完成久思未决的研究项目。

②梦中惊成。梦是以被动的想象和意念表现出来的思维主体对客体现实的特殊反映，是大脑皮层整体抑制状态中，少数神经细胞兴奋进行随机活动而形成的戏剧性结果。并不是所有人的梦都具有创造性的内容。梦中惊成，同样只留给那些“有准备的科学头脑”。

③自由遐想。科学上的自由遐想是研究者自觉放弃僵化的、保守的思维习惯，围绕科研主题，依照一定的随机程序对自身内存的大量信息进行自由组合与任意拼接。经过数次乃至数月、数年的意境驰骋和间或的逻辑推理，完成一项或一系列课题的研究。

④急中生智。利用此种方法的例子，在社会活动中数不胜数。即情急之中做出了一些行为，结果证明，这种行为是正确的。

⑤另辟新径。思维主体在科学研究过程中，课题内容与兴奋中心都没有发生变化，但寻解定势却由于研究者灵机一动而

转移到与原来解题思路相异的方向。

⑥原型启示。在触发因素与研究对象的构造或外形几乎完全一致的情况下，已经有充分准备的研究者一旦接触到这些事物，就能产生联想，直接从客观原型推导出新发明的设计构型。

⑦触类旁通。人们偶然从其他领域的既有事实中受到启发，进行类比、联想、辩证升华而获得成功。他山之石，可以攻玉。触类旁通往往需要思维主体具有更深刻的洞察能力，能把表面上看起来完全不相干的两件事情沟通起来，进行内在功能或机制上的类比分析。

⑧豁然开朗。这种顿悟的诱因来自外界的思想点化。主要是通过语言表达的一些明示或隐喻获得。豁然开朗这种方法中的思想点化，一般来说要有这样几个条件：一是“有求”，二是“存心”，三是“善点”，四是“巧破”。

⑨见微知著。从别人不觉得稀奇的平常小事上，敏锐地发现新生事物的苗头，并且深究下去，直到做出一定创建为止。见微知著必须独具慧眼，也就是用眼睛看的同时，配合敏捷的思维。

⑩巧遇新迹。由灵感而得到的创新成果与预想目标不一致，属意外所得。许多研究者把这种意外所得看作是“天赐良机”，也有的称之为“正打歪着”或“歪打正着”。

提高思维力的重要性

一、思维是智力的核心

思维是智力的核心，是考察一个人智力高低的主要标志。恩格斯把思维誉为“地球上最美丽的花朵”，人的一切创造性活动都与思维力有关。人类的进步从根本上来说，就是人的思维的进步。

一个人能否成才，最关键的还是在于从小能否进行有效的思维力的锻炼。纵观世界上那些有杰出贡献的人，他们都有一个共同点，那就是思维力异常敏捷。发明大王爱迪生从小就是个爱动脑筋，善于思考的孩子。可以这样说，无论对社会还是对个人，思维都如灵魂般重要。

人类的一切活动都是建立在思维活动基础上的，没有思维活动的人无异于行尸走肉，也就更谈不上什么智力活动了。不仅如此，大脑思维的简单与复杂直接决定着一个人智力的高低，一个没有良好思维素质的人，他的智力开发水平也不会太高。

二、提高思维力（思维训练）的基本理论

1．思维训练的广与狭

从广义上来看，它普遍存在于人们生活的方方面面，每个人从一生下来就在接受着各种各样的思维训练，不论是母亲教孩子学吃饭走路，还是老师教学生写字画画；不论是接受某种观念，还是养成某种习惯，从本质上说都是一种头脑的思维训练。

从狭义上讲，思维训练则指的是专类思维训练，确切地是指一种高级的思维训练。

用一个通俗的比喻来说，广义的思维训练是孩子在母亲的帮助下学会涂鸦乱抹，而狭义的思维训练是学生在大师指导下学习绘画创作。两者的本质虽然相同，但层次却有很大差别。

2．思维训练的虚与实

许多人在初识思维训练的时候，都觉得训练思维很“虚”，既不像绘画打字那样有实用价值，又不像学习数学语文那样有可见的知识积累。如果我们因为思维看不见摸不着而将它视为虚，将思维训练视为无用，那就错了。

思维训练看似很虚，却是实实在在的。从用途上来讲，任何实用技能训练归根到底都是思维的训练，绘画本身是实的，但如果不掌握绘画的技法和艺术的创作规律等虚的东西，就不可能画出好作品。而学习和消化这些技法和规律，实际上是在接受一种绘画思维训练。从层次上来看，越是智能水平高的训练，就越是呈现出虚多实少的特征，社会越发展，越需要人们

的抽象思维发达。

3. 思维训练的源与流

思维训练是目前世界上最流行也最有效的智力开发方法，不过它并不是现代独有的专利，目前的思维训练是建立在最新的思维科学成果和古代的头脑训练术基础上的。早在古希腊时期，著名的哲学家苏格拉底就创造了有名的“头脑助产术”。

现代社会，思维训练受到人们的普遍欢迎，其中商业因素的推动功不可没。在西方发达国家，大公司一般都比较重视对员工的培训工作，尤其是创造思维的培训几乎是总经理与高级主管们的必修课，因为他们在实际工作中切实感受到接受过思维培训和没有接受过思维培训的效果是大不一样的。

三、提高思维力要遵循的原理

1. 简单与复杂

从多角度、多层次、多种方式去分析问题（即使是简单的小问题）的思维叫作复杂的思维模式。只能从一个角度、一个层次、一种方式去看问题的思维叫作简单模式。

思维训练的目的不是为了寻找到答案，而是要使思维模式由简单向复杂转化，即培养多角度、多层次、多方式看问题、发现问题、分析问题并解决问题的思维习惯。复杂的思维模式可以使我们在遇到复杂问题时能简便快捷地有效处理。能以小见大，从简单中看出复杂，从司空见惯中发现规律，看到真谛。达到这种水平的思维能力才算是一流敏锐的头脑。

思维训练题的简单与复杂并不是训练的关键，关键在于大脑的思维模式是复杂的模式还是简单的模式。所以在思维训练中，我们要仔细区别思维模式的简单与复杂和思维训练题的简单与复杂。如果不进行这种有效的训练，即使知识渊博、阅历丰富的人，也会出现用简单的思维模式，去分析处理解决复杂的问题的情况。

2. 低级与高级

高级思维与低级思维是层次上的不同，具有相对性的特点。

思维的高级与低级主要体现在采用何种思维方式。比较而言，抽象思维方式比形象思维方式高级，创造性思维方式比模仿性思维方式高级，立体思维方式比平面思维方式高级，横向思维方式比纵向思维方式高级等等。

在思维训练过程中应该辩证地看待低级思维方式与高级思维方式的关系。不能因为追求高级思维方式而抛弃低级思维方式。因为低级思维方式是高级思维方式的基础，高级思维方式是低级思维方式的发展。两者是相互依存、相互联系的关系。为了达到高级思维方式而跨越低级思维方式是不可取的，也是不可能的。

在思维训练过程中，应该让思维由低级向高级逐步发展,低级思维方式的训练有助于拓宽夯实根基，为思维向高层次发展创造条件。而高级思维方式有利于迅速提高思维的层次，开阔眼界。只有进行两者之间的依次训练和交叉训练，才能在思维训练中握准尺度，取得最佳的训练效果。

3. 过程与结果

人们往往会出现重视结果而轻视过程的思维倾向。但在思维训练中要关注的重点却是思维的过程。

一般的学校教育，通常采用两种教学方式，一类教学方式是把问题的结果直接告诉学生，另一种方式是把获得结果的过程传授给学生。前一种方式很省事，但对学生并无好处，后一种方式很麻烦，学生却可以受益终生。

当然，并不是说思维训练就不应该注重结果，这里强调过程是为了使接受训练的人学会更准确地观察问题，更高效地分析问题，更科学地解决问题。训练的目的不是只满足于获得一个答案。答案并不是问题的关键，如何去找答案才是最重要的。

4. 方法与训练

思维方法是人们从无数次思维活动的经验和教训中总结出来的智慧结晶，可分为两大类：一类是怎样提高思维智能的思维方法，例如形象记忆法可以提高记忆力，联想创造法可以提高创造力等等；另一类是怎样科学地观察问题、分析问题和解决问题的思维方法，例如辩证思维法、逻辑思维法、逆向思维法以及系统思维法等等。

虽然掌握正确的思维方法后可以大大提高思维能力，但掌握思维方法与将它转化为思维技巧之间还有一段很长的训练过程要走，只有经过长期大量的思维训练，我们才能在思维实践活动中纯熟地运用思维方法指导各种各样问题的解决。

在思维训练过程中，大量的训练是重要的，科学的方法也是重要的。不重视方法的学习，大量的训练只会是低水平的重复，劳而无功。不加强训练，学到的方法就转化不成技能，没有实用价值。思维方法的学习和思维技能的训练是两个过程，不能相互替代。厚此薄彼或缺少其中任何一环，都不能算是科学的思维训练。

5. 定型与活化

思维定型或形成思维定式是思维发展的必然趋势，是不可能避免的。问题的关键在于如果我们的大脑不能有意识地塑造高效的正确的思维模式，任其自由发展，则有可能形成低劣的、错误的思维模式。思维定型或形成思维定势并不可怕，可怕的是形成错误的思维模式或形成低劣的思维定势。

在思维训练中让思维定型不仅是必然的也是必需的，问题的关键在于我们怎样让思维定型和塑造什么类型的思维模式，才能使头脑最大限度地发挥其智力潜能。知识教育最关心的是知识积累的过程，把知识的系统学习当作教育的核心任务。这样容易使思维畸形发展定型。而思维教育是把发展学生的思维能力、培养正确的思维方式放在教育的中心位置。

思维训练并不只是一个简单的思维模式生成训练，它还包括思维活化和思维创新等训练。从某种程度上讲，所有的思维定式都对头脑具有一定的束缚作用，而要想已定型的思维模式改变更是困难重重。思维活化训练就是为了使思维摆脱定势的束缚，超越固定模式的局限而设计的训练。这种训练能把思维从无意识的被束缚的“睡态”中唤醒，超越旧的思维层面，从更高的位置俯视自己的思维活动，这时所有的思维定式和模式都成了思维的工具。

6. 潜能与技能

思维训练的目的归根到底是为了开发个人的智力潜能。天赋只是一种潜能，只有经过长期的技能训练才能将它转化为现实的能力。

思维训练的核心是把大脑的思维当作一种技能来进行训练，就像是训练绘画技能和运动技能一样。思维的本能不等于思维的能力，任何一种能力的形成都是反复的技能性训练的结果，必须把思维视为一种技能反复训练。把思维当作一种技能来训练是对智力的一种专业化要求。

思维技能的核心训练主要分两部分，一是根据问题的类型、难易、繁简，训练把思维方法转化为现实的能力。二是训练综合运用各种思维方法解决问题的能力。

提高思维力的方法

一、提高思维力的一般原则

1. 学以致用

把学习思维科学知识与思维训练方法同实际的思维训练结

合起来，有意识地、有计划地运用特定的思维形式和方法去解决实际的具体的问题和“假设的理想的问题”，把自发的思维活动变成自觉行为。通过反复的实践，把理论和方法内化为思维技能，并在实践中进行能力迁移。

2. 循序渐进

应遵循思维发展的规律，制定适合于个体的思维训练计划。思维训练的次序应当是：由具体到抽象，由简单到复杂，从低到高，由浅入深，先易后难，先局部后整体，先分析后综合。

3. 扬长避短

认识自己类型和特点，确定所长和所短，以所长的方面为中心（或为主导模式），形成一个包含多种思维技能的网络。既可以通过培养中心带动周边，也可以通过周边的训练来丰富、补充和涵养中心。

4. 因人而异

研究表明，每个人的思维都有所不同，因此在进行思维训练时，要注意年龄差异与个性差异。

5. 追求和谐

既注重左脑训练，又注意右脑训练；既注重批判性思维训练，又注重创造性思维训练；既注重发散性思维训练，又注重收敛性思维训练；既注重提高分析能力和逻辑演绎能力，又注重提高综合能力和直觉体悟能力；既注重提高实用智慧，又注重培养理论思维能力。这样才能使我们的思维能力更和谐、更全面。

6. 独立性

面对训练课题要做到独立思考，独立完成课题，自觉培养独立意识，独立地提出问题、观察问题和研究问题。

7. 欢迎离奇设想

许多事物没有绝对正确与错误之分，方案没有最好，只有更好。绝大多数训练课题没有标准的唯一答案，所以应欢迎离奇设想，多出新颖观念。

二、提高思维力的具体方法

思维并不像我们想象的那样神秘。日常生活是最好的课堂，生活本身就能为我们提供很多提高思维力的好方法。

1. 游戏法

游戏是孩子们最感兴趣的事，如果能在游戏中注入智力的因素，就可以促进孩子思维力的发展。例如：

猜谜。猜谜不但能激发孩子们兴趣，而且也能激发其推理及想象力，可以用孩子喜欢的东西给一些线索，让孩子提出题目、推想答案。

用扑克牌做数字游戏也会激发孩子的思维。

语文游戏：一句接一句，串成一篇故事，可以用录音机录下来，全家共同分享。

捉迷藏、拍手歌的游戏都会促进孩子思维的发展。

用棋艺训练孩子的思维力，特别是逻辑思维是个很好的办法。

游戏中要思索，其中有推理、比较、概括，都能促进思维；游戏中要动手，动手就要想怎样动手，这也促进了思维；游戏中还要动嘴，说话表达也是对大脑的训练，可使思维流畅。所以，游戏法是发展思维力的重要途径和方法。

2. 激疑法

爱因斯坦说过："发现问题比解决问题更重要。"因此，鼓励孩子多发问，是发展智力的良方。

有一位与众不同的数学老师，每节课将所授作业叙述一遍，随即问道：

"有没有问题？如果没有，这堂课就结束了。"

其实，这位教师故意诱使学生深思。一旦学生提出问题，他就会露出比学生能解决问题时还高兴的表情，赞扬说："问得好，你是很聪明的。"

渐渐地学生对寻找问题产生了浓厚的兴趣，大家特别爱上这个老师的课，而且思维水平有了长足的进步。

鼓励孩子多思对孩子思维的发展是有帮助的。"疑者，觉悟之机也"。爱迪生的例子就很典型。

发明大王爱迪生小时候就爱思考，看到钟表滴滴答答响个不停，他就想，表为什么会走呢？于是他就把表拆开、装上，非要弄清楚钟表会走的原理。当他知道气球充上氢气就能上天的道理后，他就想，人会不会上天呢？于是弄来一包能产生气体的药让家里的工人吃了，想让他上天，结果弄得工人抱着肚子痛了半天。当他知道鸡孵蛋的情况后，就想人去孵行不行，于是自己蹲在鸡窝里老半天，直到父亲到处找才找到他。尽管他的想法幼稚，做法可笑，但他爱动脑筋的习惯却为他成为伟大的发明家打下良好的基础。爱迪生能够发明灯泡、电话、电影、蓄电池等，与他从小养成爱思索的好习惯是分不开的。

孩子在掌握一定的知识的基础上，通过他们自己的思考可以解决很多问题。对孩子们提出来的各种问题或遇到的各种困难，家长要多启发，多从侧面揭示，尽量少从正面回答，不要事事都包办代替。

当家长发现孩子懒惰的时候，可以采用鼓励加激将的方法。比如孩子提出个问题，家长说："这个问题你还不会，你想想，准能想出来。""这个问题你从某某方面去想想，比我想的肯定好。"

总之，家长要经常鼓励孩子们想问题，多给孩子们设疑，激疑，孩子们的脑子就会越用越活，越用越聪明，思维的惰性就没有了。

3. 纠错法

所谓纠错法，就是不怕犯错误，而要学会纠正错误，在纠正错误的过程中促进智能发展的一种方法。

人人都知道松下是白手起家的一流电器制造商，是名人传记中的人物。然而他幼年时，却是做什么都失败，是一个成绩很差的"劣等生"。但是，松下则认为，这段失败的时代正是他养成敏锐思想的重要时期。他说："向人学习和自己从失败中学来的知识完全不同，同样一件事，两方面学习获得的答案虽然相同，但在将来的运用价值，却是自己的失败经验较为广阔。”所以他特别强调孩童时期应多尝试失败。

经过自己纠错而获得的知识，比向旁人学来的知识印象更深刻。如果从没有失败，从不思考错误的原因，就会成为智力迟钝和狭窄的人。

家长应该更多地引导孩子自己思索，自己寻找错误，自己纠正错误，只有这样，孩子的智力提高才更快。家长可以偶尔故意在孩子面前犯错误，让孩子纠正家长的错误，进而能促进孩子思维。

总之，无论纠正自己的错误，还是纠正别人的错误，都需要思维，都会促进思维。犯错是成功之母，纠错是成功之父。

4. 动手法

时下家长给孩子们买玩具往往陷入一个误区：越高级越买，越自动化越买，结果是多花了钱，对孩子思维的训练却并无多大的帮助。因为越自动化孩子就越没有机会动手，手懒、脑懒，最终思维退化。

回忆一下，我们小时候玩沙土堆城墙，自制小手枪多有意思，其吸引力就在于可以自己动手创造。有的家长曾经提出过这样的主张：不给孩子买玩具而给孩子买工具，如小锤子、小铲子、小钳子，让孩子拿着小工具自制玩具。这种做法不但训练了孩子的动手能力，同时训练了孩子的思维力和创造力。自己制作就要设计，就要研究，这些都能极大地促进思维力的发展。

当然不是不能买玩具，买玩具的同时可以给孩子买点小工具，即使是买玩具也要挑能让孩子参与的、能亲自动手的，以促进孩子思维力的发展。

孩子动手制作对思维的刺激是很大的，俗话说，心灵手巧，思维与手的发展相辅相成。

人的思维最初就是在劳动中发展起来的，教育家说："儿童的智慧就在他们的手指尖上。"家长要鼓励并引导孩子参与制作，在动手的过程中动脑。

当然孩子在制作的过程中可能有时遇到一些困难，家长要给予具体帮助，但不能越俎代庖，最重要的是启发孩子思维，鼓励孩子自己解决。

不少孩子爱拆玩具，孩子趁大人不注意，三下两下就把它拆了，结果是挨一顿打。其实拆玩具是被好奇心所驱使，有经验的家长会主动满足孩子的好奇心，教孩子怎么拆，然后学着再装上。

指导孩子如何拆玩具，不仅能满足他们的好奇心，还能有效地训练他们的头脑。即使是破坏了玩具，但只要露出内部的构造，就能够引起孩子的兴趣，满足孩子的好奇心，同时也让孩子看到内部构造，学到一些东西。若再以有组织的拆解法，教导孩子重新组合的技术，效果必定更佳。

玩具是成品，是事物的结论，拆开成品正如从结尾导致起点的效果一样，其实孩子的数学题也往往是从结尾的问题想起。拆玩具可训练孩子的分析、综合能力。

5. 为难法

疑难问题最能锻炼人的思维。不但孩子学习时遇到了难题家长不要轻易替孩子解答，就是生活中的难题也要尽可能让孩子自己去处理。并且，家长要有意识地给孩子出些难题让孩子去思考。例如玻璃怎样才能擦得又快又干净？厨房的油烟怎样处理？水壶的水垢怎样清除？以及自然科学中的一些问题，都可以让孩子去解答。生活中处处有教材，只要家长多留意，很多事情都可以是发展孩子思维力的手段。

有一个家长带孩子去看病人，看到病人家里正点酒精灯，当把酒精灯的盖一盖上，火就灭了，孩子很奇怪。妈妈看到了，就问孩子：“为什么不用吹火就灭了？孩子思考了半天，没想出来。”妈妈启发他：“火怎样才能点燃？有氧气才能燃烧。孩子一下子明白了，盖子把氧气隔绝了，所以火灭了。”像这样的例子生活中有的是，家长要善于利用它们去发展孩子的思维力。要想使自己的孩子将来成为有用之人，就应在他孩童时代，提供给他或多或少的难题。让他自己去解决。这对训练孩子的思维是很有帮助的。

古代的人早就知道用为难法训练孩子的思维了。传说一位长者出题为难孩子，用一个铜板买最多的东西，老大买了木柴，老二买了棉花，结果老三动脑筋买了蜡烛，点着后亮光充满了屋子。

现代家长更应该人为地为孩子设置困难，并启发他们开动脑筋解决问题，在生活上也不要无限地满足。所谓生存教育、挫折教育不但是意志的锻炼，也是一种思维的训练。

6. 保护好奇法

好奇可以引发人去探究，引发人的思维。当孩子问家长一些稀奇古怪的问题时，家长不要呵斥，而要给以保护。同时还要创造条件激发孩子的好奇心，以促进思维力的发展。

给孩子创造一个丰富多彩的环境，让孩子能时常从中获得新奇的感觉，使他对这个世界充满好奇的向往。这是发展思维的重要条件。

家长可以将孩子的好奇心引向大自然。可以带孩子到野外，到公园去观察大自然的变化。比如让孩子去池塘边观察小蝌蚪，看看它们是怎么变成欢蹦乱跳的青蛙的，看看小蝌蚪是怎样脱掉尾巴，长出小腿的……也许这种观察，这种思维，会促使孩子成为一个生物学家。家长还可以带孩子到植物园观察各种植物，让孩子去探索植物为什么要长叶，为什么要开花，也许这种好奇会促使孩子成为一个植物学家。

好奇心是思维的前奏、成功的先导。对于孩子的提问，家长要有正确的态度：

（1）鼓励

对爱提问的孩子要表示赞许，并及时正确地回答孩子的问题。大人对孩子的提问反应积极，可以使孩子的好奇心、求知欲得到满足，这会促使他们更爱提问题，对什么都感兴趣，这对启发思维有积极作用。但现实生活中，许多家长往往忽视孩子的提问，甚至嫌他们提问多事烦人而粗暴地训斥他们。高尔基曾经说过：“儿童的问题，如果只回答说：‘等着吧，长大了就会懂。’这等于打消了儿童的求知欲望。”

（2）启发

回答问题要有启发性。要引导孩子注意事物之间的联系，鼓励孩子用自己已有的知识经验，通过思考找出答案。

（3）存疑

如果孩子的问题家长确实不知道，就要如实告诉孩子：“这个问题我也不清楚，等我查查书或问问别人再告诉你。”事后，家长一定要真的想办法查问清楚，尽可能给孩子一个满意的答复。

（4）引导

有的孩子提的问题古怪、钻了牛角尖，家长应该引导，而不要训斥孩子，只要引导得法就可以保护孩子的好奇心，又不使孩子胡思乱想。

总之，对孩子的好奇心、求知欲要给以鼓励与满足，而且要教孩子学会思索。对孩子的好奇心千万不要打击，不要怕自己不会回答而丢了面子，就责骂孩子，如果采取这种态度，不仅扼杀了孩子的好奇心，压抑了孩子的思维，而且会使家长失去威信。

7. 为师法

当学生容易当老师难，难就难在不但自己要懂，还得让别人懂，这就需要动脑筋，所以常说教学相长。平时孩子们都当学生，是被动思维，如果孩子当老师就要主动思维。要想让别人明白，自己就更要明白，这就激发了孩子思维的积极性。

家长要鼓励孩子当老师。可以从小培养他们当老师欲望，给他们提供几个小凳子、一块小黑板、几支粉笔等。让他们轮流充当老师，给其他孩子“上课”。

要鼓励孩子将他的知识传授给他的小朋友们，鼓励孩子在教别人的同时提高自己。

你可以不时地让孩子也教你一些东西：

“这道题我怎么不会做呀，给我讲讲！”

“帮帮我，这个谜语怎么猜不出来啊？”

“这个外语单词怎么说来着？”

“计算机出了毛病你看看怎么办啊？”

家长可以明知故问，可以装不懂，让孩子充当老师，在为人师的过程中促进孩子思维力的提高。

8. 反问——理论法

反问法就是孩子向家长提出疑问时，家长不回答，而反问孩子，促使孩子自己去思维的方法。当然反问时要适当给孩子指一点思路。

有些家长为了要应付孩子层出不穷的问题，疲于翻查资料。此时，偶尔用反问的方式来问孩子，也是不错的，反问的方式，在于不要立即给孩子明确的答案。

如孩子问：人为什么要生孩子？家长可以反问：人要不生孩子世界会变成什么样子？孩子可能就会思索了，他可能会说：都不生孩子，人就没有了，世界也就完了。

孩子问：中国为什么要搞计划生育，一家就生一个孩子？家长可以反问：如果随便生，中国会成什么样？孩子就会自己去思考，寻找答案。

总之，用反问的方式来回答孩子，不但给家长稍加喘息的时间，也使家长由主角退居到配角的地位，让孩子开始思考自己的问题，扩展他们的思考世界，他们的头脑得到训练。

为了不使孩子过分依赖家长来获得所有的答案。做家长的可以保留一些答案，不全盘倾出，或者反问孩子，或者答一半问一半，或者启发孩子。即使回答孩子问题时，也要留有余地，留有孩子思考的余地。

道理越讲越明，思维在论理中发展最快。启发孩子参与争辩，使他们热衷于讨论，也是促进孩子思维的好方式。争辩最能激发深思了，要在争辩中取得胜利就要旁征博引，就要动用逻辑思维。

讨论能够集思广益，互相启发，也会促进思维。讨论的内容、争辩的内容都是思维的内容，讨论的结果、争辩的结果是思维的结果。在家里，家长要经常与孩子展开讨论，展开争论，引发孩子思考。家里布置房间、过节日、庆祝生日等活动也可以展开讨论，让孩子去思考最佳方案。这都能锻炼孩子的思维能力。

9. 幽默法

“幽默是一种机智”。心理学家在调查中发现，创造力强的孩子有一个明显的特点，他们比一般孩子更幽默。因此我们希望家长给孩子创造一个宽松、和谐的环境，让笑声充满家庭。而不要总是板着脸训孩子，过分紧张会束缚孩子的思维。

有位心理学家曾谈过笑的巨大作用。他说：“当我还是学生时，曾参加了一位门下优秀学生特多的名教授的集会。令我吃惊的是，原以为很严肃的研究会，却从头到尾充满了笑话。他们彼此自由自在地说笑，有发言，立刻引来各种意见，彼此讨论。

不知不觉地我也与他们打成一片，在欢声笑语中，我发现了不寻常的事：在谈笑中，也包含了有关当天所讨论的问题。大家的意见由于笑谈而愈见明朗，崭新的观念也相继提出。奇特的构想在自由奔放的谈话中，一条条记录下来了。

眼见这些情景，我似乎已发现教授门下人才辈出的秘密。后来，我专攻心理学，才知道当时的想法的确没有错。笑，可以解除紧张的心理，提高创造力，这对脑部正在发育的孩子影响更大。”

所以，家长要在家庭中创造幽默的气氛，要鼓励孩子多接触幽默的人，也应允许孩子发挥一下幽默。不要孩子刚一幽默，家长就训斥为耍贫嘴。

10. 活动法

活动往往是孩子们最感兴趣的，感兴趣就能够最大限度地调动孩子思维的积极性。活动能使孩子的思维处于活跃状态，对思维发展是很有利的。

适合孩子的活动很多，如音乐、舞蹈、体育、科技、小制作、书法、美术、戏剧、生物、动物饲养等等。孩子参加这些活动既能学到课本以外的知识，又能发展思维能力。

要培养开拓型、创造型的孩子，就要让他们到课外活动中去锻炼，到实际生活中去锻炼。如果整天把孩子关在屋子里抠书本，不接触实际，思维发展还是快不了。

闲逛也是一种活动。适当给孩子一点闲逛的时间，使孩子的大脑受到多方面的刺激，也可以发展智力。

上学的孩子不按时回家，到外面闲逛，一般来说母亲是不允许的，主要是怕孩子出事，也许孩子晚回来家长会大发雷霆。在此之前，先请家长听听他闲逛的理由。也许他被什么新鲜事物吸引了，边看边思索，长了很多知识也说不定，这种情况下就要告诉孩子应该打个电话回家，以免家长不放心，对于闲逛就不要责备了。

孩子们不能只学书本知识，他们需要了解社会。在闲逛中看到很多东西，学到很多知识，大脑受到的刺激会更多，无形中就提高了思维力。因此我们经常发现听话的孩子脑袋并不很“灵光”，反倒是淘气的孩子有了创造，因为淘气孩子接触社会的面更广，大脑更加灵活。无限制的闲逛也是不行的，一是耽误学业，二是危险。我们说的是在一定时间内，一定范围内闲逛。家长应该掌握尺度。

当然，不能因活动而影响了基础知识的学习。活动和学习要互相促进就必须合理安排，只要家长帮助孩子们分清主次，安排好时间，课外活动就会促进课内学习。

11. 感知法

感知是思维的基础。毛泽东同志说：“只有感觉的材料十分丰富和合乎实际，才能根据这样的材料选出正确的概念和理论来。”接触的事物多了就能形成更多的概念。概念多了才能加深对事物的理解。

家长要引导孩子到社会上去开阔眼界，用眼、耳、鼻、舌、身体去体验事物，去观察、思考，提高孩子分析、综合、比较、抽象、概括的能力，提高判断、推理的能力。

思维发展的载体是知识。智力是在学习知识的过程中发展起来的，没有知识就无法思维。靠感知、实践去积累知识是不够的，必须学习别人和前人的知识、经验，这就要阅读书籍。

孩子们已经具有一定的阅读能力以后，就应该鼓励他们广泛阅读，以丰富他们的知识，提高他们的思维能力。

家长既要督促孩子学好课内知识，又要鼓励孩子广泛阅读课外书，帮助孩子选择那些知识性强，对智力提高有帮助的图书。

孩子在课外阅读方面潜力很大，14岁上大学的宁铂在家里有个小小图书室，他阅读的范围很广，凡是能找得到的书他都愿意找来看一看。

每个孩子的年龄、水平不一，家长要根据自己孩子的理解水平，帮助孩子建立家庭读书角，扩大孩子的知识面，在阅读的过程中提高思维能力。

12. 语言法

马克思说:“语言是思想的直接现实”。言语的发展水平制约着思维的水平。孩子头脑中思想的逻辑性我们是无法看见的，但儿童外部的语言却是能听得到的，书面语言是看得见的，所以训练内部言语要从外部语言训练入手。语言逻辑的训练是思维发展的一种方式。家长要重视对孩子口头语言和书面语言的训练，但不能搞成干巴巴的纯语法训练，要结合孩子的生活，采取生动活泼的方法。

（1）鼓励孩子自己讲故事，谈见闻

孩子都喜欢听故事，他们听到的童话故事、寓言故事、神话故事很多，上了小学还特别爱听打仗、破案的故事。让孩子们把听到的故事再讲出来，这对他们思维的发展很有好处。因为孩子要讲故事，必须把外部语言先变成内部言语，再把内部言语变成外部语言，这个过程就是思维的过程。

家长要有意识地让孩子谈谈学校见闻。

在孩子讲故事或谈见闻的过程中，家长发现孩子语言逻辑上的错误时要及时纠正，逐步克服孩子条理不清、层次不明的现象。只有孩子的思维逻辑性增强了，讲话中前言不搭后语的现象才会减少，头脑更清楚了，思维能力才会更强。

（2）多和孩子交谈，及时纠正孩子说话不完整的现象

家长经常和孩子生活在一起，很容易理解孩子的语言，孩子说："我丢了，快帮帮我"，家长就知道是孩子丢了东西，让家长帮助找一找。于是就去帮助，而对于孩子这句不完全的话并不介意，时间长了，孩子就养成了说半句的毛病。家长一定要及时纠正孩子说话中的语言错误，只要经常纠正，孩子的表达能力就能提高，内部言语的水平也会随着提高。

有条件的家长还可以配合学校帮助孩子弄清句子的结构。使他们逐步掌握语法规则。孩子的语言结构越完整，思维也越清晰。

（3）利用看图说话发展孩子的内部言语

孩子们在看图说话或分析文章的中心时必须进行分析、综合等思维活动。例如低年级学生看图片"狼外婆"，首先看

到的是图片的整体轮廓，这就要对画面有一个囫囵的综合，然后再看细节。画面上的狼挎着一个篮子，头上围了一条头巾，身上还围着一个围裙，很像外婆的样子，可是嘴上露着凶恶的牙齿，围裙底下还露着长长的尾巴，这是画面的一个情节。再看画面上的房屋、树林、花草等次要情节，这实际上就是分析的过程。当孩子把这些分析融成一个整体，就提炼出了主要情节，概括出一个总的题目：凶恶的狼装成外婆欺骗兔娃娃。儿童在观察图片、说出图片内容时就训练了他们的“分析——综合”“抽象——概括”的思维能力，训练了孩子的内部言语。

13. 分析法

毛泽东曾经指出：“必须提倡思索，学会分析事物的方法，养成分析的习惯。”

所谓分析就是在头脑里把事物的整体分解成部分。如把一篇文章分为各个段落，把身体分解成各个部分。

综合则是指在头脑中把事物的各部分联合起来。如孩子学习时把文章的各个段落综合在一起，抓住中心。

分析和综合是相反的过程，同时又是紧密联系的。在学习过程中分析和综合在孩子的思维活动中是统一的。没有分析就没有综合，没有综合，分析活动也无多大意义。

家长要教孩子学会分析和综合，特别是要教孩子掌握事物的因果关系。问题的原因有主有次，什么是主要原因，什么是次要原因；什么是一般原因，什么是个别原因，经常进行这种方式的思维，会大大有助于孩子的思维能力的提高，使孩子能更加牢固地掌握知识。

家长要培养孩子遇事多分析的习惯，多问几个为什么，这样孩子的思维才能得到迅速发展。

14. 抽象概括法

把事物一般的，本质的特征抽出来的思维叫抽象，将一般的、本质的属性联结起来并推广到同一类事物上去的思维叫概括。抽象和概括能力是思维的高级形式。

培养孩子抽象和概括的能力要从感性到理性，从具体到抽象一步步训练。例如孩子看到大人、小孩、男人、女人、中国人、外国人、好人、坏人，家长要帮助他们从众多的具体的人中抽象出人的本质属性：会说话、会思考、会劳动，从而让孩子概括出人的本质特征。

再如孩子接触过水、油、奶、醋等，家长要让孩子抽象出液体的一些本质属性，然后概括出液体的特点。

孩子学习数学，从众多的例题中抽出公式，摸出规律；学习语文从文章中抽出中心思想；学习物理、化学，从现象中抽出本质特征，都是抽象和概括的训练，家长应该重视对孩子这方面的训练。

比较是抽象概括的必要前提。家长应鼓励孩子遇事经常给自己提三个问题：

（1）类似型提问——这像什么？

（2）相关型提问——这和什么有关？

（3）比较型提问——这和其他有什么不同？

要学会在比较中努力发现新的东西，并且要将此作为思维的一种习惯。例如，通过比较，哪些是现存的结论，哪些是他人没有发现的。经常这样做的结果是：愈比较，愈能发现他人没有发现的新因素，就感到愈有意思，也就愈想比较。

进行分类训练，可以更好地理解和牢记各种概念的本质的属性，使我们在了解和掌握某概念时，不是孤立的，而是系统的，并能注意到它们之间的相互联系。

15. 理解法

要提高思维力，必须训练孩子的理解力。理解就是能够清楚地指出自己所观察或认识的事物中的本质的东西，并能够清楚地阐明其因果联系。理解的标志有：

（1）会提问

一般来说，在没有理解时是提不出问题的，或者乱提问题。

（2）能解释

能解释事物发生的原因和后果，或说出它的依据。

（3）知含义

不仅懂得事物的表面意义，而且也能知道其中的含义。

（4）能运用

有些孩子对书本上的或老师讲的，似乎是懂了，但是，一让他具体地运用，就糊涂了，也就是说，并没有真正理解。

怎样加深理解？

①善于将新知识与旧知识联系起来，形成新的联系。家长要帮助孩子经常做到新旧知识的联系。

②善于将概念与直观形象结合起来，家长要帮助孩子把抽

象的知识形象化。

③善于用例子来说明抽象的概念和问题。

④能在实践中应用。真正的理解就在于能解决问题。运用学到的概念、定理、公式去解决问题。

16. 连锁联想法

吴蕴初是江苏嘉定人，他在20世纪初与人合伙在国内首创味精厂，后来被人们称为“中国味精大王”。他曾在产品的名称上大动了一番脑筋。

当时中国市场上只有日本生产的“味之素”出售。吴蕴初想，没有必要去跟在日本人后面也叫“味之素”，那又取个什么名字好呢？他想：人们把最香的东西称为香精，最甜的东西称为糖精，那么味道最鲜的东西该叫作味精才好。商品都有商品的名称。接下来他又想，他的味精该叫什么“牌”呢？他由味精是植物蛋白质制成的，是素的东西，联想到了吃素的人，又由吃素的人联想到他们一般都信佛。佛住在天上，为佛制作珍奇美味的厨师自然是好的，于是，他决定将他的味精取名为“天厨味精”。后来，他的“天厨味精”果然大受欢迎。

“天厨味精”名称的产生过程就是典型的连锁联想法。

17. 结果颠倒法

1974年爆发石油危机，世界经济陷入衰退的困境。作为亚洲和世界贸易金融中心之一的香港，也不可避免地出现众多企业倒闭，大量工人失业，购买力下降，商品滞销的现象。一般的企业为了生存下去，不得不忍痛将商品降价销售，当时的香港市场掀起了一阵猛烈的降价风。这时好不容易打开局面的名牌高档产品——金利来领带，销路自然受到沉重的打击。面对这种形势，“金利来”的生产者曾宪梓思前想后，权衡利弊，最后决定：提价销售！以此措施来加强“金利来”的名牌地位，更加显示和突出“金利来”唯我独尊的世界名牌领带的形象。这一逆潮流而动的不同凡响的举措，大大出乎广大业内人士的意料，令香港市场为之震惊。

事实证明，曾宪梓的逆向思维是完全正确的。而他的这种思维方法，我们叫它颠倒法。

18. 推理分析法

有一天晌午，邵康节（北宋著名哲学家）和他12岁的小儿子邵伯温在院子里乘凉，突然院墙外边伸出一个人头来，朝院子中瞅了一圈，又缩回去了。邵康节问儿子：“你说这个人瞅啥？”伯温说：“八成是个盗贼，想偷东西，看见有人，又走了。”

“不，”邵康节说，“那人是找牛的，不是盗贼。”儿子不信，跑出去向那人问是不是找牛的。“是啊！”找牛的人说，“小兄弟，你咋知道我是找牛的？”

试问，邵康节是如何知道这个人是来找牛的呢？邵康节是这样解释的：伸出头来的人若是个盗贼，见院子里有人，便会立即缩回去。他见院子里有人，还是瞅一圈，这说明在寻找东西，而且寻找的还是会动的东西，只瞅一下而没仔细看，说明是个大东西，看他的样子是农民，所以准是找牛的。邵康节的回答，其实是一系列的推理，这就是推理分析法。

19. 假设排除法

一天，三位好朋友小白、小蓝、小黄在路上相遇了。其中背黄书包的一个人说："真是巧得很，我们三个人的书包一个是黄色的，一个是蓝色的，一个是白色的。但却没有谁的书包和自己的姓氏所表示的颜色相同。"小蓝想了一下也赞同地说："是呀！真是这样的！"

请问，这三位好朋友的书包各是什么颜色呢？

根据题意，没有谁的书包和自己姓氏表示的颜色相同，这可以引出两种假设：

小白背蓝书包或是黄书包；

小蓝背白书包或是黄书包；

小黄背白书包或是蓝书包。

已知小蓝不背黄书包，那肯定是背白书包。剩下的蓝书包必然是小黄背的，而背黄书包的正是小白。

假设两种情况，排除一种情况，则肯定另一种情况，这就是排除法。

20. 要素变换法

古代陵州这个地方有一口盐井，可以取水晒盐。这口井深50丈，要用很长的井绳才能把水取出来。井底是用石头砌的，井壁是用柏木做的。时间长了，井壁的柏木朽坏了，需要更换。但是施工有困难，因为井里有一股气不断向上冒，下井的人闻到这股气就会立即死去。

后来人们发现，下雨的时候，井里的这股气会随着上面落下的雨水沉入井底，这时下井去更换朽木就不会有生命危险。当时在陵州做官的杨佐，针对这一情况想出了一个巧妙的办法：他叫木工做了一个大木盘，在木盘上凿了很多孔。然后他叫人把木盘架在井口上，不断向木盘内倒水。水从孔内下流，就像下起雨来一样，通过木盘上的孔流入井里的水柱，同样能使井里的气体向下坠。这样，人们也就可以下井更换井壁的朽木了。

杨佐的这种改变事物的某一部分的思维就叫作要素变换法。

21. 找出矛盾法

一天，一个年轻人想到大发明家爱迪生的实验室去工作。爱迪生接见了他。这个年轻人充满信心地说：

“我想发明一种万能溶液，它可以溶解一切物品。”

“真的吗？”爱迪生听完以后，笑了一笑，就向那个年轻人提了一个问题，爱迪生问的是：“你想用什么器皿放置这种万能溶液呢？它不是可以溶解一切物品吗？”这个青年被问得哑口无言。

试问，为什么他会被问得哑口无言呢？

这个年轻人所以被问得哑口无言，是因为他的想法本身就包含着不可解决的矛盾：一方面要承认万能溶液可以溶解一切物品，另一方面又必须有器皿盛放，那至少有一种器皿不能被万能溶液所溶解，从而自相矛盾。

抓住题中的矛盾给以回答，这就是找出矛盾法。

22. 仔细观察法

某地公安局从公安干警中招考侦破人员，应考人跟在主考人后面进了办公室。这时主考人在抽屉里翻了一会儿，忽然站起来说："你们的名单被我夹在一本书里，在267和268页之间，你们到外间的书桌上把它拿来。"应考者一窝蜂似的跑了出去，只有一个人站在那儿不动。主考人问他为什么不动，他作了回答，主考人立即给这个聪明的人打了满分。

为什么会这样呢？

原来267和268是在同一页上，是一页的两面，中间是不能夹东西的。

怎么会知道267页和268页是在同一页呢？只有依靠平时仔细的观察。像这种思维方法就叫作仔细观察法。

23. 根据搞错法

13世纪时，北威尔士王子列维伦有条忠实而凶猛的狗——盖勒特。一天，王子出猎，留狗在家看护婴儿。王子回来后，看见血染被毯，却不见婴儿。而狗呢？一边舔着嘴边的鲜血，一边高兴地望着他。王子大怒，抽刀刺入狗腹。狗惨叫了一声，惊醒了睡熟在血迹斑斑的毯子下面的婴儿。这时，王子才发现屋角躺着一条死去的恶狼。原来盖勒特为保护小主人，咬死了恶狼。王子悲痛万分，把狗葬在自己的公馆里。

你知道王子怎么会误杀义犬的吗？

王子的思想过程是这样的：伤害婴儿的恶兽嘴边会留下鲜

血，而盖勒特嘴边留有鲜血，所以，盖勒特伤害了婴儿。

可是伤害婴儿的嘴边会留有鲜血，不伤害婴儿的嘴边也可能会留有鲜血。而王子认为凡嘴边有鲜血的就是伤害婴儿的，所以，他必然犯错误。

王子错在根据搞错上，所以叫作根据搞错法。

24. 概念歧义法

阿凡提当理发匠，财主来剃头，总是不给钱。阿凡提很生气，想惩治他一下。

有一天，财主又来理发了，阿凡提先给他剃了一个光头。在给他刮脸的时候，问道：“老爷，眉毛要不要？”

“当然要，这还要问？”老爷说。

阿凡提飕飕几刀，就把老爷的两道眉毛给刮了下来，送到了他手里，并高声地说：“要就给你！”

财主气得说不出话来，谁叫自己说要呢？

“老爷，胡子要不要？”阿凡提又问。

“不要，不要”！财主连忙说。

“好，不要就给你刮掉！”阿凡提又飕飕几刀，把财主胡子刮了下来，甩在地上。

财主对着镜子一看，自己的脑袋和脸都被刮得精光，简直像个光溜溜的鸡蛋，气得骂起来。

阿凡提解释说：“老爷，我事先问过你，遵照你的吩咐我才剃的呀！”

阿凡提根据什么制服了财主呢？阿凡提是用“要”这个词的多义性来惩治财主的。“眉毛要不要”中的“要”，有两种意思：一是拿去的意思，一是留着的意思。老爷说“要”，是留着的意思，而阿凡提却故意把“要”解释成老爷要眉毛的意思，于是把老爷的眉毛给剃了下来。下面的“胡子要不要”也是这种情况。阿凡提就是这样惩治了财主，而对阿凡提无可奈何。

阿凡提使用的就是概念歧义法。

25. 将错就错法

明朝永乐年间，明成祖将首都从南京迁到北京，在元朝都城——大都的基础上，集中了全国各地的著名工匠大兴土木。当时被誉为“蒯鲁班”的著名工匠蒯祥，由朝廷任命为主持这一工程的负责人。

一次，蒯祥主持建造一座大宫殿。一向对蒯祥十分嫉恨的工部侍郎，在一个雷雨交加的深夜，偷偷地溜进工地，将已接近完工的宫殿大门门槛的一端锯短了一段。这是下手毒辣的一招，其后果足以使蒯祥丢掉脑袋。

第二天早上，蒯祥来到工地，发现后大吃一惊。这该怎么办呢？已没有同样的材料可以重建，工期将至，要重建时间也来不及了。经过一番苦想之后，蒯祥想出了一个办法：把门槛的另一头也锯短一段，使两头的长度相等，同时，可以在门槛的两端各做一个槽，使门槛可装可拆，成为一个活门槛，他还想到了，可以在门槛的两端再各雕刻一朵牡丹花，既可以遮掩两端的槽，又能使门槛色彩鲜艳，显得更加富丽堂皇。

蒯祥面对问题所进行的思维方法就是将错就错法。

26. 归纳综合法

西特诺猜的聪明机智在泰国很有名。有一天他对一些大臣说："我可以洞察你们的内心，你们心里想的是什么，我能说出来。如果你们不信，咱们打赌！"

大臣们商量了一下就对西特诺猜说，他们愿意打赌。如果西特诺猜猜对了，每个人马上可以给他十两银子。不过，打赌得在皇上面前进行。西特诺猜答应了。

早朝以后，他们在皇上面前开始打赌了。西特诺猜对大臣们说："我十分清楚各位大人心里想的是什么。我能把你们心里的话说出来。如果诸位大人认为我说错了，你们心里想的和我说的正相反，那请诸位大人立刻提出来。如果认为我说得不错，你们心里想的和我说的完全一致，那就请诸位马上给我银子。"

停了一会，西特诺猜不慌不忙地说出了一段话。百官听了，没有一个不同意，乖乖地认了输，给了银子。

西特诺猜对大臣们说："在座各位大人心里所想的，我了如指掌，那就是：你们的思想十分坚定，你们整个一生都要忠于皇上，永远不会图谋背叛和造反。"

文武百官谁敢不同意？谁要说不同意，那就等于向皇上宣布自己的不忠。

西特诺猜把不同的思想，综合成一个思想，这就叫作归纳综合法。追根求源也是一种归纳综合。

一天夜里，有一个姑娘正在街上行走，突然，从旁边蹿出三个歹徒来，企图施暴，这时，姑娘从手提包里拿出手枪，对准歹徒，叫他们迅速离开。歹徒一看姑娘手里拿的是玩具手枪，一点也不怕，猛扑过去。于是枪响了，两个歹徒闻声倒地，被打死了。另一个歹徒正拔腿要跑，被抓住了。这时，派出所的民警也来了。大家一面指责歹徒为非作歹，一面又责怪姑娘不该把人打死。正在议论纷纷，两个歹徒忽然活过来了，从地上爬了起来。试问，这是怎么一回事呢？

要回答此题，关键在于手枪上。这支枪肯定不是真的，因为真枪把人打死了，死人是不能复活的。此枪也不是玩具枪，因为玩具手枪是打不死人的。那么，这是什么枪呢？这就要追根求源，一直要找到这是一支既能打昏人又能使人复活的手枪，原来姑娘是动物园的驯兽员，这是一支麻醉枪。

27. 及时转向法

1983年，微软公司做出决定，要尽快开发出最高速度的电子表格软件，以抢在金瑞德公司之前，占领这一软件市场的大部分份额。并且最后决定由年轻人麦克尔工程师挂帅，组建了一个实力强大的技术攻关小组。

事隔不久，1984年初，世界计算机史上发生了一件大事：苹果公司宣布他们正式推出第一台个人电脑。这一事件使比尔·盖茨痛下决心，正式通知麦克尔放弃原定的“卓越”软件的开发计划，转向为苹果公司的个人电脑开发同样的软件。

这一新的决定使麦克尔大为不解，同时十分愤怒。但出于职业道德和对微软公司的责任感，麦克尔仍尽力将已设计好的部分程序向苹果公司的个人电脑移植，同时还将如何操作“卓越”软件制成录像带。麦克尔一度辞职，但后来他还是又回来专心完成了“卓越”的收尾工作。同时还为这个软件加了个非常实用的功能——模拟显示。

这时金瑞德公司也已意识到为苹果公司推出相应软件的重要意义，为它开发了名为“天使”的专用软件。比尔·盖茨加快脚步，抢在“天使”之前推出了卓越的系列产品，大获成功。

比尔·盖茨面对竞争的思维方法就是典型的及时转向法，在很多时候，这样的思维方法能避免许多时间和精力上的浪费。

28. 思考不慎法

酒吧间里，甲乙二人站在柜台前打赌。甲对乙说：“我和你赌一百个马克，我能够咬我自己的左眼睛。”乙伸出手来，同意跟他打赌。于是，甲就把左眼睛里的玻璃眼珠拿出来放在嘴里咬给乙看。乙只得认输。

“别丧气。”提出打赌的甲说，“现在给你一个机会，让你赢回你的钱。我们再赌一百马克怎么样？我还能够用我的牙咬到我的右眼。”

“他绝对不可能会有两个玻璃球眼珠的。”乙一面思忖着，一面把钱放在柜台上。

可是，结果乙又输了，这是什么道理？

甲从嘴里把假牙取出来，咬自己的右眼睛。乙又输了，这是因为他思考不周密。

29. 随机应变法

有一天，一个老人挑了一担西瓜上街去卖，走累了，就在路边一间危房里休息。有个哑巴看见老人进去，他也跟了进去，他进去是要告诉老人，这房子危险，要赶快离开，可是哑巴不会讲话，他打了不少手势，老人不知道哑巴是什么意思。这时，突然狂风四起，房子立刻有倒塌的危险，一定要让老人立即出去才行。哑巴急了，突然，他想到一个办法，使老人主动跟着他出去了。老人刚一走出房子，那间危房就倒塌了，好险呀！哑巴用的是什么办法呢？哑巴抱起一个西瓜就往房外跑，老人当然不饶他，就立即追了出来。

哑巴所用的办法，就是随机应变法。

30. 标新立异——破除常规法

江苏省启东市盖天力制药公司研制的治疗感冒的药“白加黑”，自1994年11月投放市场，到1995年4月底，短短180天便出厂了4万箱，创造价值1.6亿元。

新产品问世，没有“新”、“异”之处，是绝不可能一炮打响的。“白加黑”区别于已有的感冒药的“新”、“异”之处显著而突出。在药品的内涵方面，它针对一般感冒患者的普遍反映：服用感冒药后容易打瞌睡，影响工作和学习，制成两种成分不同的药片：一种不加起催眠作用的扑尔敏；另一种则加重药物的催眠作用。在外形方面，也是分黑白颜色。

“白加黑”的成功其实是标新立异思维法的成功。

标新立异要有打破常规的思维。有人出了一道有趣的智力测验题：

“昨天我父亲碰到一场雨，当时没戴帽子，也没有撑伞，他头上什么也没遮，结果他衣服全淋湿了，但是，他头上一根头发也没有湿。为什么这样呢？”

如果按照常规，头上有头发，怎能不湿呢？所以，必须破除常规：设想这个年轻人父亲头上没有头发，是个秃子，这样才能解答。事实上这个人真是个秃子。这就是破除常规的思维方法。

大河上有座东西向横跨江面的桥，人通过需要5分钟。桥中间有一个亭子。亭子里有一个看守者，他每隔三分钟出来一次，看到有人通过，就叫他回去，不准通过。有一个聪明人想了一个巧妙的办法，终于通过了大桥。请问，这个聪明的人想了一个什么办法通过这座大桥？

聪明人想的办法是：从东往西过桥，走了两分半钟即转过脸来往东走。当看守者出来见到他时就命令他往回走，这样就可以掉转头来过桥了。如果不破除常规，这个人是无论如何过不了桥的。

第三章 观察力的基本理论

观察力是什么？

一、观察的奥秘

大千世界蕴藏着无限的奥秘，气象万千，博大精深。认识世界是人类永恒的课题。观察和观察力，成为联系人类与大千世界的一道彩虹。外观于物，内识于心，正是在观察与思考的驱动下，人类才得以逐渐认识世界的奥妙，不断超越自我。

1．观察——“思维的知觉”

从字面上来看，“观”和“察”都与眼睛有着天然的联系，都可以解释为“看”。“察”更有“仔细看”之意。但是，“看”是否就等同于“观察”“不看”是否一定就没有“观察”呢？

答案是否定的。

在人类认识事物的过程中，眼睛的确是最重要的感觉器官，黄帝《内经》曾经记载：“天有日月，人有双目”，眼睛能“视万物，别黑白，审长短”。现代生理学的研究也证明：人的全身共有400多万条神经纤维向大脑中枢传递信息，其中双眼就占一半；人们从外界获得的数以亿万兆计的信息中的80%～90%都是通过视觉通道而获取的。

但眼睛并不是唯一的感觉器官。人们除了可以用眼睛看到斑斓多姿的外部世界外，还可以用双耳来倾听美妙动人的音乐、高低缓急的声响，还能用鼻子嗅闻沁人心脾的气味，或者用舌头品尝酸、甜、苦、辣、咸各种滋味，或者用手触摸感受物体不同的质地、硬度、冷热……这一系列感觉器官，同样不可忽视。

然而，生活中常常有人对眼前的事物“视而不见”，也有人对耳边的声响“听而不闻”。这表明，光有感觉器官，还不能完成观察活动。由于缺乏思维活动的参与，感觉器官接收的信息并没有在大脑中形成反映。这表明：视、听等活动必须有积极的思维参与，才能获得真正的观察。因此，心理学家称观察为“思维的知觉”。

观察既然是“思维的知觉”，是感知觉发展的最高形式，这种知觉就不是随意或模糊不清的。它是在综合视觉能力、听觉能力、触觉和嗅觉能力、方位和距离知觉能力、图形辨别能力、认识时间能力等多种能力的基础上发展起来的，是根据一定的目的和任务进行的有计划的、比较持久的知觉。

因此，我们认为，人们依靠自己的感觉器官（主要靠眼睛）得到有目的的、有计划的、主动的知觉的过程，就叫作观察。

2. 观察方式的分类

我们通常将观察的方式分为直接观察和间接观察两大类。

（1）直接观察

直接观察一般指人们通过自己的感觉器官对客体的直接感知过程。

直接观察往往跟自发观察紧密联系，没有中间环节，可信度比较大，有利于发现问题。但人们用肉眼或其他感觉器官感知事物的灵敏度和范围都非常有限。人眼能勉强分辨15厘米远、0.1毫米的东西，分辨更小的东西就很困难，更不可能像老鹰那样从几千米的高空看到陆地上的猎物；人耳的灵敏度也不可能与蝙蝠和海豚媲美。

（2）间接观察

间接观察一般指人们借助观察仪器来间接获得对客体的信息的感知过程。

间接观察往往和自觉观察相联系，可以运用科学方法如调查、实验等，还可以运用工具如哈勃望远镜、隧道扫描显微镜、超声波、核磁共振等，使用不同的方法和设备延伸人类的感觉器官，是一种非常重要的观察手段，更有利于解决问题。但它很可能造成错误观察，甚至是没有观察。

直接观察和间接观察各有利弊，二者缺一不可。只有根据不同的情况选用不同的方式，才能保证观察结果是正确的、科学的。

此外，人们还从各种不同的角度对观察方式进行了分类。如按照学科领域将其分为科学观察、社会观察、审美观察等；按照观察目的分为启示性观察、探索性观察、验证性观察等；按时间周期分为连续性观察、非连续性观察等。

二、什么是观察力

观察力：一种特殊形式的感知能力

简单地说，一个人观察的能力就是观察力。

观察力就是指人在感知活动过程中通过眼、耳、鼻、舌、身等感觉器官准确、全面、深入地感知客观事物特征的能力。作为一种特殊形式的感知能力，观察力是人类认识能力的重要组成部分。人类对事物的认识程度、水平，与这种能力的强弱有很大的关系。

人们常常赞美那些观察力发达的人“心明眼亮”，这里的“眼亮”并不是说一个人的视力多么好，而是说他观察细致准确、思维判断敏捷。从这个角度上来看，观察力是一种感觉与思维高度协调的能力，也是一种智力。

1. 观察力的结构

（1）感觉

①感觉是什么

感觉是观察力的一种形式。

感觉是感觉器官对来自体内外的一定刺激所产生的能力活动，是人脑对直接作用于感觉器官的客体对象（也包括人体）

的个别属性的直接反应能力。如视感觉就是眼睛对光线所产生的反应能力；内脏感觉就是由脑神经对体内脏器活动的变化所产生的反映能力。

②感觉的特征

感觉性质是感觉的根本特征。列宁指出：“在感觉中不可避免地也会有质。”任何一种感觉领域内都存在着性质和区别。如视觉表现为红、黄、绿、蓝、白、灰、黑等；听觉有音响、音色和响度的区别；味觉则有酸、甜、苦、辣、咸等。

感觉强度是感觉在数量方面的特征。它决定了信息的强度和感官的机能状态。一个人从暗室中突然走到明亮的室外，刚开始什么都看不清，几秒钟之后，才渐渐看清东西。这就是由弱向强的过渡。反之则为由强向弱的过渡。

感觉在时间方面的特征即为感觉的持续性。它主要决定了信息作用的时间和长度以及感觉器官的机能状态，具体表现为感觉的潜伏期及惰性。所谓潜伏期，是指当信息作用于感觉器官时，感觉需要经过一段时间以后才发生；所谓惰性，是指感觉不是随信息停止作用而立即消失的，也就是后作用，如脱离嘈杂的环境后产生“耳鸣”等。

扩延性是感觉在空间方面的特性。它主要决定于信息作用的空间距离和感觉器官的机能状态。如视觉中的距离、听觉中的范围等。

③感觉的分类

外部感觉：是接受外部刺激的感觉器，反映外界对象属性的感觉，它又分为视觉、听觉、嗅觉、味觉、皮肤觉等。它们分别是眼、耳、鼻、舌、身的机能。

内部感觉：是由于感觉器接受机体内部的刺激所产生的反映内脏器官的不同状态的感觉。例如饥饿感、干渴感、昏觉、幻觉等。

本体感觉：在身体外表面和内表面之间有一种本体感受器，能反映身体各部分的运动和位置的情况。如反映并辨别机体自身运动状态和健康状态的运动感觉，反映和辨别身体（主要是头部）的运动速率和方向的平衡感觉等。

（2）知觉

①知觉是什么

知觉是观察力的另一种形式，比感觉形式更高级更全面。

知觉是在感觉的基础上发生的，但它并不是感觉的简单相加或拼板，它具有新的性质。

知觉是个体对客体各个部分和属性的整体反映，表现为对客体的整体认识、对客体综合属性的判别或对客体意义的初步解释。

②知觉的一般特征

选择性。在同一瞬间，优先反映一些对象或对象的一些属性或部分，即从众多的对象中，有选择地以一些对象作为知觉对象，从而使知觉对象特别清晰，而使其余对象成为知觉对象的背景，比较模糊。不同的人们看“两可图”，能看出不同的情景，这就是典型的知觉的选择性。

理解性。人们总是根据已有的经验和知识对知觉对象加以认识，并用语词标志出来。由于人们总是具有不同经验和知识，所以对同一个知觉对象的知觉常常有很大的区别。在某一领域具有丰富经验和专门知识的人，对该领域对象的知觉要比其他人深刻得多，反之则较淡漠。譬如一个对建筑设计完全没有概念的人，即使在他面前摆上设计十分完美的图纸，他也不一定会产生强烈的知觉。

整体性。个体所反映的是知觉对象的整体现象，可以把具有不同属性的知觉对象感知为一个综合的完整的统一体。例如，苹果有圆的形状，有一定的硬度，有一定的颜色，有一定的气味，我们在感知时，就可以把它们作为一个不可分的整体来把握，这就是知觉的整体性。

恒常性。在一定范围内，当知觉的条件发生变化时，个体的知觉对象仍能保持一定的恒常性。如一个人从距我们1米处走到5米远时，虽然他在我们视网膜的影像缩小到1/5，但我们感到此人的高度大体未变，这就是知觉的恒常性。

③知觉的分类

一般把知觉划分为视知觉、听知觉、触知觉、复合知觉、空间知觉、时间知觉和运动知觉等。

人们在观察大自然，观看图画、雕塑、体操表演、各类球赛等时主要使用视知觉，在欣赏电影、电视时，就是视听复合知觉起作用，战争中则是视、听、触、复合知觉起作用。空间知觉主要包括距离、方位、大小、形状、立体等知觉。时间知觉总是通过衡量时间的媒介来实现，媒介可能是自然界的周期现象，如四季的转换、昼夜的交替等，也可能是机体的生理状态如睡眠周期、月经周期等。

(3) 感知

在实际认识过程中，感觉与知觉很难区分，总是你中有我，我中有你。例如，颜色总是某种对象的颜色，声音总是某种东西发出的，软硬属性也总是某种对象的，反过来某种对象也总是有颜色和硬度的。因此，人们把感觉与知觉合称为感知。

观察力就是在感知过程中形成的，脱离感知过程，也就没有观察力。如果一个人没有任何感知能力，或有感知能力而未感知任何外部对象，他都不会有观察力。

国外有人让成人受试者待在一个专门设计的特殊实验室内，不让他感知到任何一个外界对象。过了一段时间，受试者开始产生幻觉，随后又出现了极度警戒状态，并且伴随有闭锁恐惧症。再过一段时间，受试者对环境的兴趣完全消失，开始转向注意自身，产生忐忑不安情绪，丧失了观察力。

2. 观察力与注意力

注意力是观察力的基础，没有注意力，就没有观察力。观察力同注意力不可分割地联系在一起。成功者往往具有很好的注意力和观察力，对人生和事业专注而执着。

注意力是有目的地将心理活动长时间地集中于某一事物或某些事物的能力，是对事物和现象的警觉、选择能力，即指向和集中能力。观察力是人在观察活动中表现出来的一种智力，观察活动本身就是一种有目的有注意的活动，是一种有计划的意向活动。从这个意义上来说，观察力也就是注意力的聚合。

控制和集中注意力，使其根据我们的需要而具有一定的指向性、集中性和稳定性，对于提高观察的效果大有裨益。注意力的稳定和集中与思维的活跃程度成正比关系。思维越活跃，注意力就越集中，越稳定，观察活动也更有效。

3. 好的观察力的表现

（1）指向明确，观察全面

观察力具有明确的指向性，这就使得各种观察活动能遵循既定的目标向前发展，能自始至终。比如：明确观察目的及对象——合理安排观察顺序——把观察结果同研究的问题结合思考——考虑每个观察步骤是否达到目的等等。

指向明确、计划清晰，非常有利于在观察时既见森林，又见树木，而不是偏重于某一方面而忽略了另一方面。而全面，正是观察的基本原则。

明代医学家李时珍在古医书上看到巴豆是泻药，于是在治病时总把巴豆当作泻药使用。可是，有一次他在治疗的过程中，试着给腹泻患者以少量巴豆，却发生了意想不到的结果：患者的腹泻止住了。于是，李时珍对巴豆的药性进行了全面的观察，发现从总体上讲，巴豆是一种泻药，但针对某些特殊的病症，却又是一种止泻药。

具有好的观察能力的人，观察问题与李时珍一样，比较全面。比如在观察一个人的时候，不仅看到她高高的个子、优雅的神情举止、温柔的语调、整洁的外表，还格外注意到其光彩有神的大眼睛。

反之，观察能力不好的人对于他们司空见惯的那些最一般也是最常见的东西往往都没有明确的概念。比如有的人观察室内的花草时，虽然能叫出花和叶，却不能明确地指出茎和根；细看鸟的图画时，虽然能指出鸟有头、喙、翅膀、尾巴、腿和爪，但不是所有的人都能说出颈和躯干这两个部分……

（2）观察细致，感受独特

细致，是观察能力的基本要求，也是影响观察能力高低的基本因素。

观察能力强的人往往能够仔细地观察每一个事物，哪怕再细微的变化，也逃不过他的眼睛：

20世纪初，奥地利青年气象学家魏格纳，在一次住院期间，偶然地对病房横挂的世界地图的奇异形状发生了浓厚的兴趣。平常，这司空见惯的地图形象，根本不会引起病人和工作人员丝毫的兴趣。魏格纳却透过这平凡不为人所注意的地图形象，仔细观察且觉察到其中的奥妙：

地图中大西洋两岸的大陆的海岸线凹凸部分正好相反，愈看愈觉得图中的整个欧洲、非洲、南北美洲东部，简直像是一张完整的报纸被撕成的两半……恰恰是这一独特感受，使得魏格纳成为“大陆漂移”说的缔造者。魏格纳之所以能透过一张普通的世界地图提出新的科学猜想，一个很大的原因就在于他具有较强的感受事物的能力，能从现在的地图形象，由此及彼，认识到它是由远古时期的整块大陆经历无数次漂移和演变而逐渐形成起来的结果。

一个感受独特的人，在观察事物时，往往能获得深刻的体验，能感受到那些别人感受不到的东西，能从日常生活和平凡的事物中领悟到新东西，在别人看似不可能产生希望的地方创造奇迹。

（3）观其本质，预见性强

巴甫洛夫曾经说过：在你研究、实验、观察的时候，不要做一个事实的保管人。你应当力图深入事物根源的奥秘，应当百折不挠地探求支配事实的规律。这就是说，巴甫洛夫主张观察不但要准确，而且还应达到能透过现象看本质、力图深入事物奥妙的程度。

准确，是观察能力的根本，也是观察能力表现效果的根源。抓住本质特征，是观察的目的之一。观察时抓住事物的本质，不仅能认识事物的现在，还能预见未来。一个观察能力很强的人，能够经常预言事物发展变化的趋势和方向。

许多敏锐的观察者都具有相当出色的预见能力。

英国气象学家欧文·克里克，是一位公认的气象预报专家。在长达50年的气象预报生涯中，他的预报一直保持着很高的准确率，就连三四个星期以后的气象预报，准确率也高达80%以上。

英国天文学家哈雷对“大扫帚星”的运动规律所作出的科学推断，被学术界誉为“智慧的预见”。

“天才的预言家”雪莱同任何人哪怕只交谈很短的时间，就能写出若干小时之后的谈话情况，他还深有体会地说，自己“不但深刻观察了现在的实际情况，发现现存事物应该遵守的法则，而且还从现在观察到将来。”

（4）善于联想，时常更新

观察力强的人在观察事物时能对具体的情况进行具体的分析，不生搬硬套，并能迅速而准确地认识到事物的特征。

善于联想与想象，即把已经获得的知识同正在探索的问题迅速而准确地联系起来进行思考。任何一个观察活动，其实质就是一种创造性的智力活动。由于它的复杂性，这种活动很难用一个固定的观察方法加以模式化。只有经常联想，才能打开思维的翅膀，飞得高，飞得远。

人们在思考问题时，总是有些方法和技巧可以遵循，如纵向思考、逆向思考、横向思考等。然而“教学有法而无定法”，由于思考的问题千头万绪，纷繁复杂，因而针对不同的问题，需要经常更新研究思路。很多人在自己的观察道路上都经历过或多或少的失败，此时如果心灰意冷，以至放弃既定的观察活动，就会一事无成。相反，如果能换个角度想问题，在失败之后萌发新的思路，则很容易找到新的突破口，在失败中孕育成功。

我国东汉时期大医学家张仲景，一次给两个同是感冒的人诊病。表面上看，两者的病症几乎一模一样，于是张仲景也就开了一样的“发汗”处方，供两位病人服用。结果这两个病人一个痊愈，另一个病情反倒加重了。两个都患相同感冒的人，吃的又是一样的药，为什么一个好了，一个反而变坏了呢？为了探明其中的奥妙，张仲景把过去的诊断过程详细地回忆了一遍，才恍然大悟：那个病情不见好转的人，已经流过汗了，吃的又是“发汗”药，可能是汗出多了的缘故，所以病情反而加重了。于是，张仲景改用其他的处方，很快就使那位病人好起来了。从此以后，张仲景一碰到这样类似的问题，就反复加以区别，不断总结和积累经验，终于写成至今仍有相当研究价值的《伤寒论》。

为什么要提高观察力？

一、观察是发现的源头

1. 观察是起点

爱因斯坦说：“理论之所以能够成立，其根据在于它同大量的单个观察关联着，而理论的真理性也正在此。”观察不仅是人们认识客观世界的第一道工序，是一切知识和发现的起点，是一切创造和发明的基础，还是检验知识和真理的重要途径。

对于孩子们来说，观察是他们认识世界的重要途径；对于科学界来说，观察是科学发现的开始。观察能力的强弱，直接影响着人们智力水平的高低。观察是人们认识世界、增长知识的主要手段，在人类的一切实践活动中都具有非常重要的作用。

每天我们要看到很多的事物和现象，如果有一个事情、一个现象引起我们的注意，这个时候我们就由一般的感觉和观看进入到观察的层次。有了观察我们才可能发现、提出问题，发现、提出问题才有可能进入到研究的阶段。

2. 观察吧，除了观察还是观察

观察力对于发展人的智能有着十分重要的意义。事实表明，如果一个人有比较强的观察力，他就能从观察的对象上发现别人所未发现的特点，悟出别人所未悟及和未感受到的东西。

罗丹告诫其学生著名诗人里尔克的诀窍是：“观察吧，除了观察还是观察！”苏联教育家赞可夫说：“我们是按三条线来研究学生的发展的，这就是：观察力、思维能力和实际操作能力。”

观察首先需要用眼睛去看周围的世界，但是观察绝不等于随便看看。著名侦探福尔摩斯对他的老伙伴华生说：你每天都在贝克街的楼梯上上下下，但依然不知道它到底有几个台阶，因为你仅仅是看；我知道它有七个台阶，因为我在“观察”。

历史上、科学史上通过观察做出的重大发现和发明比比皆是。

意大利科学家从观察教堂里铜吊灯的摇曳开始，经过实验研究，发现了摆的定时定律。

蒸汽机的发明，带来了人类历史上一场深刻的资本主义工业革命。其发明人瓦特，正是从对烧开的水顶动壶盖的观察中琢磨出蒸汽机的基本原理的。

我国明代医学家李时珍在幼年时就热爱观察各种花卉、药草的生长过程，细致地察看它们如何抽条、长叶、开花，花草的每一处细微变化都逃不过他的眼睛。正是这种细致严谨的观察习惯，使他得以纠正古代药草书中的很多谬误，并写出世代流传的医学巨著《本草纲目》。

二、观察力是智力之母

观察力是智力系统中的一个子系统，是智力的必不可少的一个因素。观察力是人类智力结构的重要基础，是思维的起点，是聪明大脑的“眼睛”，所以有人说：“思维是核心，观察是入门”。

首先，我们知道，一个正常人从外界接触到的信息有百分之八十以上都是通过视觉和听觉的通道传入大脑，通过观察获得的。观察可以说是智力活动的门户。任何一个人，如果没有较强的观察力，他的智力很难达到高水平。著名生物学家达尔文说过："我既没有突出的理解力，也没有过人的机智，只是在观察那些稍纵即逝的事物并对其进行精细观察的能力上，我可在众人之上。"俄国生物学家巴甫洛夫在他实验室的墙上，写着醒目的六个大字："观察，观察，观察！"没有观察，智力发展就好像树木生长没有了土壤、江河湖海没有了水的源头一样，失去了根本。

其次，观察力的发展离不开思维的进步，而思维是智力的核心。人们认识事物，都由观察开始，继而开始注意、记忆和思维。因而观察是认识的出发点，同时又借助于思维提高来发展优良的观察力。如果一个人的观察力低，那么他的记忆对象往往模糊而不确切、不突出，回忆过去感知过的事物时就常常模棱两可，记忆效果差。于是，在运用已有知识和经验进行分析和判断时就不能做到快速而准确，显得理不直、气不壮，综合分析和思维判断能力差，智力发展受影响。

再次，从生理和心理的角度来看，一个人如果生活在单调枯燥、缺乏刺激的环境中，观察机会少就会使脑细胞比较多地处于抑制状态，大脑皮层发育较缓慢，智力显得相对落后。相反，如果一个人经常生活在丰富多彩、充满刺激的环境中，坚持经常到户外、野外去观察各种事物和现象，大脑皮层接受丰富刺激，经常处于兴奋活动状态，其大脑的发育就相对较好，智力也较发达。

因此，要想拥有一个智慧的头脑，就应该勇敢地拓宽视野，敢于观察，善于观察，为自己的智力发展开启一扇明亮的“窗户”，为自己的大脑赋予一双“聪明的眼睛”！

三、提高观察力能提高人的素质

人类要想在观察活动中取得对事物的全面深刻的认识，必须具备一定的素质；而每一次观察活动，也都会丰富、提高观察者的素质。一个人的自我发展，其实就是观察力的不断提高。一个社会的进步与落后，一个民族素质的高低，有时候也在这个民族成员普遍具有的观察力上有所表现。可以说，培养和提高观察力，是提高个人和民族素质的重要途径。

观察是所有科学研究形式中最重要的一个环节，只有通过观察才可能发现并提出问题。爱因斯坦说过，发现、提出问题比解决一个问题更重要，因为解决问题可能就是一个数学的运算或者实验的技巧，而发现、提出问题却需要通过观察，并运用创造性的想象才能够实现。

观察力是形成技能的必要条件。具有良好的观察力，其实也就具有了良好的学习能力，养成技能的过程自然而然会变得轻松。良好的观察力可以帮助人们进行记忆等多种思维活动，促进学习和工作的进步。如果不去有意识地加强观察力的培养，使其善于观察复杂的事物和现象中的细微变化及其本质特点，就不能有效地进行充分感知，获得规律性知识，分析、判断和综合概括能力也将难以得到提高，而这些都是智力发展、学业进步和人生腾飞的必需条件。

对于正处于学习阶段的孩子，观察力的培养和提高非常重要。苏联著名教育家赞可夫对学校中的“差生”进行了研究，发现“差生”的普遍特点就是观察能力较差。这些孩子虽然也瞪大眼睛去看事物，但是所见到的东西不一定很多，甚至还会出现很多错误。正如人们所说的：“善观察者，可见常人所未见；不善观察者，入宝山而空回。”受掣于观察能力，“差生”们掌握知识的能力也逐渐降低，求知欲望渐渐下降，最终厌倦学习。反之，如果拥有了好的观察能力，学习的热情自然而然得到提高，掌握知识的能力、综合素质也渐渐提高，教育的目的才能真正达到。

观察力也是未来人才的综合素质之一，较好的观察力有时候可以视为较好的思维能力和较高的综合素质。观察不是某些人的专利。作为一个普通人，即使不打算在某一领域成为佼佼者，学会观察也是非常必要的。在现代和未来社会，学会观察社会现象，做出自己的判断，并制定出自己的行为准则，才能不断地提高自己的素质，更加适应社会发展的节奏。

提高观察力的方法

一、提高观察力的一般规律和方法

感觉能力是人天生固有的，但感知能力的提高很大程度上依赖于环境的刺激。观察力则更需要有意培养、训练。

1. 保护好感知觉器官

观察力训练是以感知觉发展为前提的，感知能力的提高有助于神经系统发育成熟及大脑智力开发，使人耳聪目明、心灵手巧，有助于智慧的发展。

要注意保护眼睛、鼻子、耳朵、嘴巴、手等器官的健康发育，因为这是发展感知觉的物质基础。

要利用并创造机会，刺激各个器官的发育。多看美丽的图画，多听动人的音乐、多动手、多说话等，这些行为对器官发育都有一定的刺激作用。

2. 明确观察目的

观察要有明确的目的，要有观察的中心和范围，才能保证把注意力集中在观察对象上。心理学的知觉规律表明，带着明确的观察目的和任务去知觉事物，注意力就能集中地指向有关的事物，知觉就会清晰、完整。如果观察的目的不明确，观察就如“走马观花”，效果自然大打折扣。

明确观察目的，一是在心里树立观察的意识，认清观察对于发展自身智能的好处；二是在观察任何事物时，都要有明确的目的，即观察什么，为什么观察。

3. 有计划地观察事物

凡事预则立，不预则废。观察活动有内容繁简、范围大小、时间长短之分，但都需要有计划地进行。观察有计划，是指在观察活动开始之前，预先定好观察的目的和步骤。如小孩子在学习洗衣服的时候，可以先观察父母怎样做：放多少水、多少洗衣粉、哪些衣服分开洗、洗衣机开多长时间等等，可以一边帮忙一边观察，学会了洗衣服，也提高了观察力。有的人喜欢花草，可以自己种一盆花或其他植物，每天观察其变化，写一些观察日记，这样的观察活动，既满足了自己的兴趣，又有丰富的观察内容，效果很好。

一般来说，如果年龄较小，观察活动中应多找与其日常生活联系较多的事物，或最好从日常生活入手，根据已有的知识经验，选用那些较熟悉、特征较明显、也容易观察的事物，逐步进行观察训练。

随着年龄的增长，必要的知识和经验已经形成，这时候再开始观察那些较为复杂、特征不太明显、容易忽略的、需要分析判断的细节、事物或事件。

4. 掌握正确的观察方法

古诗云“横看成岭侧成峰”，从不同角度观察事物，会获得不同的信息和感受。因此观察事物必须掌握不同的方法。观察时要按照计划有步骤地进行，先观察什么、后观察什么，以及观察的重点都是事先要明确的。否则很容易陷于杂乱无章的境地，无法获得完整、准确的认识。

常用的观察方法还有：全面观察和重点观察；在自然状态下观察和实验中观察；长期观察，短期观察，定期观察；正面观察和侧面观察；直接观察和间接观察；解剖（或分解）观察，比较观察；有记录观察和无记录观察，等等。

针对不同的观察对象和观察目的，应事先考虑用什么样的观察方法。有时候，需要几种方法配合使用。

5. 设法让更多的感觉器官参与观察

观察任何事物都需要人的不同感官的协同配合才能收到好的效果。

在观察活动中，视觉无疑是很重要的，但眼睛并不是唯一的感觉器官。我们在认识和观察事物时，应该调动身体的各种感官。比如要认识一种水果，除了用眼睛观察其外部形状、颜色、纹理，还可以用手摸摸它的表面，切开来看看里面的样子和果肉的质感，尝尝它的味道，用鼻子闻闻它的气味，等等。这样，可以从各方面获得对于该事物的认识，而且更加深刻。

6. 遵循感知规律

观察事物是为了认识事物，感知是认识的第一步。而感知是有规律的，应该遵循规律去进行观察。

观察的对象必须达到一定的强度，才能观察得清晰、准确。因此，在观察前，对有可能提高强度的事物，应采取措施提高其强度。如观察人的肌肉，绷紧时看得最清楚；观察蒸气的特点，水壶里的水要满到一定程度，效果才好。

被观察的对象与背景反差越大，观察效果越好。因此，要设法增加观察对象与背景之间的差异。如观察一种昆虫的形态、颜色，把它放在反差大的纸上，效果就会更好。

两个显著不同甚至对立的事物容易观察，因而在观察中把具有对比意义的材料放在一起观察效果好。如两种不同的水果放在一起比较，往往能形成更加深刻的印象。

运动中的对象容易吸引人的注意，运动中的情况与静止状态有所不同。因此，观察某些事物，既观察静止的情况，又要看活动中的情况。如观察一个人，就应将静止状态与活动状态结合起来观察。

把有关联的事物组合起来观察，既能把握整体情况，又能把握具体情况。

二、提高观察力的具体方法

1. 深思立意——计划观察法

某日。德国哥根廷。

40位心理学家正在开会，忽然，一个人冲进会场，另一个手持短枪的黑人紧追而入，两个人当场搏斗起来，一声枪响之后，两个人又一道跑了出去。这个紧张的场面仅仅持续了20秒钟。

接着，会议主持人要求在场的心理学家们立即就这次刚刚经历的惊险写下目睹记。在40篇报告中，居然有36人没有察觉到那个黑人是光头！

心理学家的观察力一般都应当是比较强甚至是比较精确的。但是，这一次，为什么有这么多人在观察时失之偏颇呢？

这是因为，心理学家们事先没有思想准备，事件发生得非常突然，所以他们都没有明确的观察目的，也没有任何观察计划，所以对“黑人是光头”这一重要的事实“视而不见”。这一事实说明，要进行有效的观察，必须明确观察的目的，制定相应的计划。

良好的观察能力首先要具备一定的目的性和计划性，英国剑桥大学动物病理学教授贝弗里奇说：“培养那种以积极探究态度注视事物的习惯有助于观察力的发展。在研究工作中养成良好的观察习惯比拥有大量学术知识更为重要。”在观察事物之前，明确观察的目的，根据这个目的制定观察计划，然后一步步地按系统进行，这样才能保证不致遗漏有用的材料。

针对同一对象，不同的观察者基于不同的立足点，选择的观察角度和计划也不一样。文可与和郑板桥都以画竹闻名。但二人观察竹子的时候却大相径庭。

文可与曾经在自己的住所周围种了各式各样的竹子，一年四季观察和比较不同竹子之间、同一竹子之间的不同姿态，因而对各种竹子在不同季节的状态有了透彻的了解，提笔作画的时候，自然“胸有成竹”。

而郑板桥观察竹子的时候，却是另外一番情形。“晨起看竹，烟光日影露气，皆浮动于疏枝密叶之间，胸中勃勃遂有画意，其实胸中之竹，并不是眼中之竹也。”郑板桥选择在早晨这一特定的时间段观察竹子，对竹子的感受自然与文可与不同，其“眼中之竹”实际上是经过典型化了的“胸中之竹”。

无论选择何种角度，都要根据自己的观察目的制定相应的观察计划，这样才能达到较为理想的效果，同时又能培养出良好的观察品质。

2. 正午牡丹——注重客观法

宋朝科学家沈括在其著作《梦溪笔谈》中记载了这样一个故事：

欧阳修得到一张古画，画面是雍容华贵的牡丹花丛，花丛下有一只猫。欧阳修看不出什么名堂来，可他的亲家吴育一看，就说出了门道：“其花披哆而色燥，此日中时花也。猫眼黑暗如线，此午猫眼也。”欧阳修听了，深感叹服。吴育若不是有着对客观事物细心的观察，不可能根据花的色泽、形状及猫眼的状态推测出古画中画的是正午的牡丹。

良好的观察效果，是建立在客观现实基础上的。观察的目的是为分析资料，为抽象提供事实依据，所以观察一定要客观。如果在观察中，仅仅根据过去的经历、经验、知识而主观地加以反映，往往使观察得出错误的结论。

自近代实验科学兴起以来，形成了一个牢固的传统，即任何科学理论，都必须有实验的根据。这也反映出对客观性的高度重视。达·芬奇曾经说过："科学如果不是从实验中产生并以一种清晰实验结束，便是毫无用处的、充满谬误的，因为实验乃是确实性之母。"要做到确实性，首先就要注重客观性。

观察，有时是科学观察，其目的就是为了认识和了解客观世界的本来面目，从而掌握客观世界运动发展的规律，为能动地改造世界提供理论依据。因此，观察务必要遵循客观性原则，力求获得真实、准确的观察结果。客观地、真实地反映被观察的事物，是成功观察的首要条件。

3. "鹅，鹅，鹅，曲项向天歌"——主要特征法

鹅，鹅，鹅，曲项向天歌。白毛浮绿水，红掌拨清波。

唐初杰出诗人骆宾王的这首《咏鹅诗》，至今仍然广为流传。当时年仅七岁的骆宾王，之所以能写出这样一首好诗，是由于他平素善于观察鹅，抓住了鹅的形态与生活习性的主要特征的结果。

提高观察力的一个重要方法就是抓住观察对象的主要特征进行相对静止的有重点的观察。在比较的基础上，初步概括、归纳出来某一类事物的主要特征或某一个事物的个体突出性。

主要特征法是确保观察准确性的前提。它不仅需要初步的观察分析和判断力，还有记忆力的参与。

主要特征法要求在观察事物时，认准被观察对象的主要现象和特点。这是针对一些人在观察时通常分不清观察中的主要现象和次要现象，或者总是注意那些有趣的、奇特的、自己喜爱看的现象而忽视主要内容而言的。

比如，我们观察一只乌龟，如果问“乌龟的主要特征是什么？”可能不少人会说乌龟有两只小眼睛、短尾巴、四只脚和身子藏于甲壳之下，其实不对，乌龟的特征在于其背壳，四只脚两只小眼和短尾巴等这些都是其他许多爬行类动物的共同特征，而非乌龟所特有，因此乌龟背壳的硬度、形状、花纹才是观察的重点。

事物都有区别于其他事物的本质特点。运用主要特征法观察事物或现象，要针对观察的目的和对象不同，注意抓住其事物或现象的特征方可进行。

4. 《昆虫记》——周密系统法

“见过螳螂的人，都会十分清楚地发现，它的纤细的腰部非常的长。不光是很长，还特别有力呢。与它的长腰相比，螳螂的大腿要更长一些。而且，它的大腿下面还生长着两排十分锋利的像锯齿一样的东西。在这两排尖利的锯齿的后面，还生长着一些大齿，一共有三个。总之，螳螂的大腿简直就是两排刀口的锯齿。当螳螂想要把腿折叠起来的时候，它就可以把两条腿分别收放在这两排锯齿的中间，这样是很安全的，不至于自己伤到自己。

如果说螳螂的大腿像是两排刀口的锯齿的话，那么它的小腿可以说是两排刀口的锯子。生长在小腿上的锯齿要比长在大腿上的多很多。而且，小腿上的锯齿和大腿上的有一些不太相同的地方。小腿锯齿的末端还生长着尖而锐的很硬的钩子，这些小钩子就像金针一样。除此以外，锯齿上还长着一把有着双面刃的刀，就好像那种成弯曲状的修理各种花枝用的剪刀一样。”

对任何事物的观察都不是一次完成的，需要耐心地、细致地、一次次地反复进行。观察的次数越多，就越能够把握住事物的本质，区别出假象和真相、偶然与必然。对研究对象进行的观察越周密、越系统、越全面，观察效果也越好。

成功运用周密系统的观察方法，要靠注意力的长期稳定来实现，而注意力所指向的并不仅仅是观察活动这一事件本身，而更多是在所观察对象变化发展中的规律。这就需要观察者在不同时间、不同条件下对同一事物进行反复地追踪观察，以了解事物的发展变化过程，掌握规律，而对类似情况做出准确分析和判断。比如，用一年甚至数年的时间观察月亮阴晴圆缺的情况，用数年的时间观察某一物种的成长规律。

运用周密系统法进行观察，不是囫囵吞枣，而是运用大脑，经过筛选、比较、分析，从而得出符合规律的客观认识。

5. 有条不紊——顺序转换法

观察一尾金鱼：从整体顺序来看，其叶菱形，分为上头、中躯、下尾三个部分，鳃以前是头部，肛门以后是尾部，而鳃和肛门之间便是躯干。从局部结构来看，以头为例，其前端有口，两侧有鼓起的眼袋和眼睛，眼的前面有两个鼻孔，两侧还各有一片鳃盖，鳃盖后缘掩住鳃孔，能开合，与口的运动互相一致配合，让水不停地由口流入，由鳃排出，尾翼长，肚子大，颜色鲜。

“人们往往把要做的事，看得太高，其实只需从最简单的工作入手，一步步地前进，便能成功。”观察要得法，首先就得学会有计划、有次序地察看，从不同角度、不同顺序上去观察同一事物或用同一顺序观察不同事物，从而把握观察对象的整体和实质。

观察顺序，可以是被观察事物的不同空间顺序，如从上到下、从左到右、从东到西，从近及远等；也可以是被观察事物的不同结构组成部分的次序，如从头到尾、由表及里，从整体到部分再到整体。

用不同顺序观察不同类事物，往往采用从整体到部分，再从部分到整体的顺序分析法。如观察街景、公园、山色等自然景象，多采用由近及远或由远及近的方位顺序法；而观察某一事件，则必须按照开头（起因）——中间（经过）——结果的时间发展顺序；在观察“人体骨骼结构”的骨制标本时，可按头骨、躯干骨、四肢骨的结构顺序进行整体性的观察。

有些事物的发生发展及现象的变化，随着时间愈演愈烈或随着时间的流逝而逐渐消失。这时最好运用时间顺序法来进行观察。例如观察菜豆种子的萌发过程、草履虫无性生殖现象等。

有些被观察的事物所产生的现象变化，既同时发生，又同时消失，观察时应两者兼顾，不能顾此失彼。在观察一些化学和物理实验时，经常需要运用这种方法。

所以，观察不同的事物，可以从不同的时间顺序或结构次序入手，认识事物的角度不同，获取的信息当然会有所不同。

6. 蜂窝的孔洞——独具慧眼法

一个真正的科学家，首先应该是一个独具慧眼的观察家。他们往往能够从人们熟视无睹的现象中，观察出与众不同的东西，找到新颖的研究课题。

一个普普通通的蜂窝，通常很难引起人们的注意。然而，细心的法国科学家马拉尔其，却对蜂窝有一种特殊的兴趣。他一次又一次地对蜂窝进行仔细的观察，研究每一个孔洞的形状，终于发现蜂窝那由菱形面组成的角度大小相等。他还发现那钝角平均是109度28分，锐角平均是72度32分。别人没注意到的，他却注意到了；别人没发现的，他却发现了。这一发现，在建筑学上有很大的意义。

观察认真、一丝不苟，这样才能明察秋毫，慧眼识真。有些杰出的科学家，往往就因为一时粗心，放过了获得重大发现的机会，以至后悔莫及。化学元素“溴”的发现就是一例。

1828年，德国化学家巴里阿尔在一次实验中，得到了一种褐色液体，与常见的氯化碘非常相似。但是巴里阿尔没有粗心大意，没有按照常规把它当作已知氯化物放在一边，而是对这种褐色液体进行了细心的观察和提纯实验，证明了它并不是人们所熟悉的氯化碘，而是一种未知的新元素溴。这个发现震动了当时德国的化学界。为此，著名的德国化学家利比深深感到懊悔。原来，他在实验中也得到过同样的液体，但由于没有仔细地观察，便贴上氯化碘的标签放在了一旁，结果白白放过了一次成功的机会。他常指着那贴着氯化碘标签的瓶子对人们说："这是我的一次失败的纪念，请记住我的教训，要仔细观察，认真研究，再作结论。"在后来的科学道路上，他吸取了这次失败的教训，取得了许多伟大的成就。

爱迪生曾经说过，天才是百分之一的灵感，加上百分之九十九的汗水。灵感和机遇产生于汗水之中，天道酬勤，一分耕耘一分收获，若能独具慧眼，明察秋毫，获得的必将是累累的硕果。要真正做到独具慧眼、明察秋毫，必须在平常的观察活动中保持客观、严谨、敏锐、全面的视角和思维，才能增加与机遇邂逅的机遇，不至于与她擦身而过。

7. "观察星月"——中心单元法

小冯对于天外的星月十分感兴趣，但是，他不知道从何处开始观察，无奈之下，只好去求助自己的父亲，父亲帮他设计了一套方案。

首先，在夜空下观察星星和月亮，获得初步的印象，并作一些简要的记录；然后，观察星星和月亮的出现，如什么时候看见第一颗星星；到什么时候，星星有几颗；到什么时候，满天星斗；尽量记录星月的形状；这样，观察的准确性随着对观察对象的了解而进一步增加。

随着时间的推移，小冯从观察星月中得到了很多乐趣，他不但学会了将满天的星星分组，找到不同形状特点的一组星星，还逐渐掌握了新月、满月、残月等的变化规律。

小冯还根据自己在观察中的疑问和发现，阅读了大量的书籍，查找了相关的资料，学习了很多与天文、气象相关的知识，他感觉自己的观察力逐渐得到了提高，这样的观察给自己带来了巨大的惊喜。

其实，小冯的父亲提供给他的是一种很有效的提高观察力的方法——“中心单元法”，即围绕某一观察对象或内容开展一系列观察活动，以求完整、准确地把握和理解事物的现象和本质。

中心单元法贵在围绕“中心”坚持下去，否则无法获得对事物的完整印象和深入了解。例如，观察花籽发芽出苗的这一过程，围绕其怎样发芽这一中心，能设计出一系列的观察活动，如什么时间种子长出根？根的形状、大小？什么时候长出叶子？叶子的颜色怎么样？每天需浇多少次水等等。

8. 全面深刻——定点观察法

《沁园春·长沙》的上阕是这样描写南国秋景的：

独立寒秋，
湘江北去，
橘子洲头。
看万山红遍，
层林尽染；
漫江碧透，
百舸争流。
鹰击长空，

鱼翔浅底，

万类霜天竞自由。

——深秋季节，橘子洲头视野开阔，作者以其为立足点，为全诗规定了特定的情境。从“橘子洲头”这一特定的观察点出发，作者进行了一系列的观察：远眺——岳麓山丹枫似锦；近观——湘江迎面，流水似碧；仰望——雄鹰在长空间奋击双翅；俯视——鱼儿在水清底浅的江里游翔；“万类霜天竞自由”则从总体上概括了这组景色，也包含了作者对所观察景象的总体感受。

作者之所以能够纵览秋景抒发豪情，从阔大宏远的景物中抓住它们的盎然生意，一个重要的原因就在于成功地运用了定点观察法，把站在橘子洲头有次序地看到的一个个景象一一展现，进而通过联想，赋予所写之景物以鲜明深远的意义。

所谓定点观察法，就是观察者选定一个处于相对静止状态的观察对象，有次序地进行观察的方法。这个对象可以是名胜古迹、一座建筑、一件器物或某种物品。如果观察的目的主要在于认识事物的方位、格局、陈设、结构、外部特征等方面，通常可以采取这种方法。

运用定点观察法，首先要注意选择好观察位置也就是立足点。观察时立足点不能发生变化，必须固定在一个基点。摄影师拍照、画家作画，选择镜头和描绘对象，都非常注意立足点的选择，立足点的好坏，往往关系到一张照片、一幅画图的成败。观察活动也不例外。“横看成岭侧成峰，远近高低各不同”，立足点不同，观察时事物呈现的面貌也不同。“欲穷千里目，更上一层楼。”观察景物与选择立足点密切相关。所以，一定要根据事物的特点和观察的需要，选择最理想的立足点，这是观察活动能否成功的重要前提。

各种事物都处于一定的空间位置，因此观察者不可能一目千里，同时观察到所有的细节，所以在运用定点观察的方法时，要注意有一个合理的观察顺序，可以按照不同的次序如由近及远或由远及近、由高到低或由低到高、从左至右或从右至左等进行观察。

定点观察的落脚点在于综合观察对象各部分之间的联系，从而对整体的观察对象获得准确、全面、深刻的认识。

9. 自然轻松——随意观察法

朱自清的《荷塘月色》，开篇是这样写的：

“这几天心里颇不宁静。今晚在院子里坐着乘凉，忽然想起日日走过的荷塘，在这满月的光里，总该另有一番样子吧。月亮渐渐升高了，墙外马路上孩子们的欢笑，已经听不见了；妻在屋里拍着闰儿，迷迷糊糊地哼着眠歌。我悄悄地披了大衫，带上门出去。”

不难看出，作者并非特意去欣赏荷塘月色，只是“这几天心里颇不宁静”，“忽然想起日日走过的荷塘”，作者的本意无非是借以排遣心中的苦闷。荷塘是作者“日日走过的”，早先已有随意观察的基础，“荷塘月色”在他的头脑中已经有了轮廓，故描摹荷塘之美时，文思如泉涌。几乎所有评论这篇散文的文章都赞赏作家对月夜下荷塘的精心观察：淡淡的月光，缕缕的清香，丝丝的颤动，淡淡的云，薄薄的青雾，隐隐约约的远山……实际上这一切都与作者的随意观察有千丝万缕的联系。

观察者偶然到了某个地方，在有意无意之间发现了某些有兴趣的对象，顺便对它作了观察，这种观察方法就是随意观察法。因为是随意观察，所以十分自然、轻松。

随意观察最显著的特点是往往能够使自己在极其自然的状态下得到许多新的信息，也往往能够见人之所未见，得人之所未得，在不经意之间，了解到事情的来龙去脉，甚至会收到“踏破铁鞋无觅处，得来全不费工夫”的意外效果。

随意观察并不等于漫无目标、随心所欲的观察。在随意观察之初，我们未必有预定的目标，但一旦进入角色，随意观察却会向有目的的观察转化，事后回忆所观察到的一切，要细细回味、思考，并挑选其中印象最深刻的某一内容将其记录下来。

运用随意观察法要注意养成即兴观察、随时随地摄取景象的习惯，无论是特意去某地，还是偶然经过某处，都可以忙中偷闲进行一些观察：见到人则抓住其外貌特征，观察其音容笑貌；见到物，则抓住其形态特征，布局结构……

生活中处处有可供随意观察的对象，关键在于我们要当个有心人，在很自然、轻松和不受拘束的情境中去发现值得我们观察的事物，这样我们便能日积月累地获得大量感性的材料。

10.“合抱之木，生于毫末”——观察积累法

我国现代著名科学家竺可桢教授，从青年时代起，每天早晨起床第一件事情就是观测并记录气温、气压、风向、湿度等

气象要素，和阴晴冷暖、风霜雨雪、花开花落、候鸟迁徙等物候现象。数十年如一日，从未间断，即使是烽火战乱也不能改变他的这一习惯。此外，他还阅读了大量的历史文献资料，从中寻找有关气候和物候的记载。正是因为这些扎实的观察和深厚的积累，他终于写出了《历史时代世界气候的波动》、《中国近五千年来气候变迁的初步研究》等一系列有重要价值的论文，震动了中外学界。直到逝世的前一天，他都在为编写《中国物候学》而勤奋地进行观察、记录和积累资料。

“积土成山，风雨兴焉；积水成渊，蛟龙生焉。”一个人如果积累了丰富的观察资料，进行学术研究便如鱼得水。观察积累的重要性由此可见一斑。

观察积累，就是指把观察到的现象和结果记录下来，养成积累观察资料的好习惯。它不但能通过对材料的系统化组织提高观察分析思考力，还能通过积累习惯的培养形成良好的观察自觉性，丰富想象和思维。

随感法是最简单，也最基本的观察积累手段。它的形式为随看随记，随想随记。它形式自由，长短不限。例如，观察养蚕，随看随记，某年某月蛾卵由黄变黑。某年某月某日，小蚕破壳而出。某月某日，第一次蜕皮。某月某日第二次蜕皮。某月蚕身由黑变白，某月某日，蚕身由白变亮。某月某日，开始吐丝织茧，某日茧成。某日茧破蛾出，某日雌雄蛾交配，某日产卵。随着时间的推移，日积月累，就会拥有第一手资料。

随感习惯的养成和巩固，可以丰富观察内容，提高观察兴趣。

对于那些稍纵即逝的新现象，及时记录是十分必要的，这种方法简单易行，能在不经意间帮助观察者积累很多珍贵的资料。很多科学的观察者都是这样做的。大文豪郭沫若就有这样的记录习惯，他曾在《跨着东海》中介绍说："我睡在床上，把一册抄本放在枕上，一有诗兴，立即拿着一支铅笔来记录，居然也就录成了一个集子。"

积累观察资料时，观察记录要及时、全面，间隔较长时间后的追记往往不够完全，很容易出现漏误。记录时要严格按照要求记录数字，切忌概念模糊，不清不楚。

观察积累法观察比较细致，对积累观察数据、揭示事物本质、探索事物发展规律，都有着极其重要的作用。

11. 精益求精——重复观察法

在一次运动会的百米赛跑中，两名运动员几乎同时冲线，裁判员的秒表也定格在同一位置。可是，径赛原则上是没有并列冠军的，又不能让他们重新比赛来决出胜负。怎样才能知道到底谁是冠军呢?

最后，工作人员想到了一个好办法，他们通过反复观看设在比赛终端的电视录像资料，最终定出了名次：其中有一名运动员的胸脯在冲线的那一瞬间比另一名运动员的胸脯向前突出了一英寸，相当于快了0.01秒。所以这个运动员成了冠军。

重复观察，往往能够探明真正的事实。在科学上，科学理论的形成要有实验依据，而且这些实验必须能够重复。丁肇中发现J粒子后不久，又有美、德、意的科学家发现同样的现象，才被广泛承认。要证明一种理论、一个现象，光凭一个人的观察是不够的，需要很多的重复观察的参与。

重复观察法是对同一事物或现象，再次或多次进行观察的一种方法。自然界有很多的现象出现非常迅速，观察者的观察速度往往跟不上它，只好重复观察才能掌握其实质。另外有些事物发生发展的特征与周期，也决定了必须重复观察。

“路遥知马力，日久见人心。”不论是看人，还是研究事物，都必须通过长久、反复的观察，才能避免过早下结论，产生片面的印象，形成偏见。如果不加以取证，以讹传讹，只会离事实真相越来越远。

重复观察是为了更深刻、更全面地揭示事物、事件的本质规律，并不是简单的、机械地重复。在重复观察的过程中，尽可能多地纠正以前的谬误，排除可能出现的一切干扰因素，不断地改进，才能不断地进步，不断地接近事实真相，不断地接近真理。

12. 勤于思维——观察日记法

世界著名生物学家达尔文从小就具有十分出众的观察力，这和他舅舅常鼓励他记观察日记分不开。当时，达尔文已经对自己搜集的标本做了一些简单记录，有的还附有简单插图，可是舅舅对他说，“只做摘记是不够的，要把你自己当作一个画家，但不是用颜色和线条，而是用文字。当你描述一种花，一种蝴蝶，一种苔藓的时候，你必须使别人能够根据你的描述立刻辨认出这种东西来。为了搞好科学研究，你必须进一步提高你的文字表达能力，要像莎士比亚那样用文字描绘世界、叙述历史、打动人心。”

写观察日记，最基本的要求就是言之有物、言之有序。所谓言之有物，就是观察日记要有准确、可靠的事实；所谓言之有序，就是记录既要全面，又要分清主次，条理清晰。

观察的目的性，还要求我们观察时勤做记录，以确保掌握比较可靠的第一手资料。勤写观察日记，有利于积累观察资料，还能提高文字表达能力，培养观察和写作的兴趣。写观察日记是一项要求大脑高效思维的活动，能帮助集中注意力，进行深入思考，久而久之，就会养成既勤于学习又善于学习的好习惯。一个人如果从青少年时代就热心观察，养成写观察日记的习惯，日积月累，将会发现，自己拥有一生中最宝贵的财富。

13. 眼观六路，耳听八方——感官训练法

宾夕法尼亚州匹兹堡大学语言学教授斯特娜夫人很注意教育自己的女儿，她从小便开始训练女儿的注意力。她常与女儿玩一种叫“留神看”的游戏。每当路过商店的门口之后，就问女儿该商店陈列橱窗内摆的是哪些商品，让她数出留在记忆中的各式商品。能说出越多，就打分越高。这样训练很有效果：当女儿五岁时，在纽约肖特卡大学教授们面前，她把《共和国战》朗诵了一遍就一字不差地复述下来，令教授们大吃一惊。斯特娜夫人说：“我这样做，是为了让她注意事物，养成敏锐地观察事物的习惯。”

有意识地训练各种感觉器官，确实能够提高它们的感受能力，使它们变得能干起来。根据中国古典经集《列子·汤问》篇记载：

战国时，一位名叫纪昌的年轻人拜飞卫为师学射箭。飞卫的箭术非常高明，他告诉纪昌："你要练好眼力，才谈得上射箭。"纪昌回到家，捉了只虱子，用一根牛尾巴毛拴住，吊在窗上，天天面朝南方目不转睛地盯着。

十多天过去了，虱子在眼中显得大了起来；三年以后，竟显得有车轮一般大。再看其他东西，都像山丘一样巨大。以后纪昌射箭，每发必中。

健全人的感官都有继续发展的极大的空间。训练感官，主要是训练耳目，提高视听能力，"眼观六路，耳听八方。"

为了发展各种感觉，应当有意识地进行一些活动，比如抽时间从事各种艺术活动。写生、绘图以及其他类似的艺术活动，都可以促进视觉机能的全面发展；雕刻活动不但可以发展视觉，而且可以发展触觉；学习音乐可使听觉得到精细的发展；文学、诗歌、戏剧等文艺活动可以把语言听觉提高到一个新的境界。

感觉器官的灵敏度不断提高，对外界刺激也会逐渐变得敏感，观察时调动的器官更多，观察得也更仔细，体会也更深刻，观察的能力也能得到相应的提高。

14. 相互支援——多感官并用法

有人做过一个实验，请儿童观察图片，结果发现，当只用视觉进行图片观察时，其保持率为25%，而只用耳朵听有关图片的言语描写过后，保持率只有15%，但当视听觉同时使用时，其保持率则可提高到65%。显而易见，多种感觉器官的协同活动有助于提高观察效率。

现代生物学的研究也表明，当某一种器官感知某些事物时，别的感官会自动地参加进来，从而得到一个完整的感性印象，这称之为“感官的相互支援能力”。日常我们在记生字、背单词时，往往边读边记的效果要比单纯的抄写或默记效果要好，就是这个原因造成的。

在观察活动中，最好尽可能多地让多种感觉器官都参与。刮大风的时候，可以看一看外面的景物的变化，听一听风吹过的声音；吃苹果的时候，先观察它的颜色、形状，动手摸一摸，然后闻一闻它的味道，切开来看看里面的结构，再品尝它的味道；上课做实验的时候，边观察边记录……总之，动员一切感官加入观察的行列，以增强观察效果。

多种感官并用原则并不是主张平均使用各个感官的能量，而是指在某一项活动或任务中，根据活动内容或任务性质，重点使用一种或两种感官的同时，发挥多种感官的积极性，使其参与活动，增强观察效果。

运用多感官并用法，可以使一种事物或现象同时作用于各种感觉器官，所以得到的观察效果往往比较完整，更深刻，更接近本质。

15. 到大自然中去——感受观察法

我国明代著名的科学家、旅游家徐霞客，从小受到母亲的教育，热爱祖国的大好河山，爱好名山大川之游，厌弃功名仕途。母亲总是带他出游附近的胜地，在72岁高龄时，还陪同儿子一起游览了荆溪（今江苏宜兴）的张公、善卷二洞。孩子出游，母亲亲自为他打点行装。在母亲的感染和鼓励下，徐霞客酷爱大自然，游踪遍及江苏、浙江、山东、河北、陕西、河南、安徽、广东、湖南、贵州、广西等十六个省区，成为当时世界上徒步旅行时间最久、行程最长的人，并留下了《徐霞客游记》这部有重大科学价值和文学价值的巨著。

法国的语言文学大师莫泊桑小时候，他的母亲罗拉经常带他到大自然中去，引导他注意大自然中的每个细节，学习用最精炼、准确的语言栩栩如生地加以描述，这对莫泊桑观察能力和语言表达能力的提高有很大的帮助。所以有人把罗拉称为莫泊桑走上文学道路的“第一位老师”。

大自然深邃神秘，令人莫测。它蕴含着丰富的指示，等待人们去探求，去获取。大自然犹如一座巨大的披着面纱的知识宫殿。它所储藏的知识涉及天文学、动物学、植物学、矿物学、物理学、化学等科学领域，又同历史、地理、文学、美学、音乐等等有着直接的联系，因此又完全可以把大自然称作一部百科全书。大自然也是世界上最好的老师，它以种种新奇的现象启发思考问题，吸引着人们探求知识，成为推动智力发展的重要因素。在大自然的激发下不断追求新知识，对大自然的认识越来越深刻，知识面越来越扩展，智力也就会日益得到提高。

大自然永远是最好的老师，到大自然中去感受美、发现美吧，她将赋予你真正的“慧眼”。

16. 亲自动手——实验观察法

在“热传导”的学习中，有这样一个实验：

在试管中盛入凉水，使管口向上，并用酒精灯的火焰加热试管的上部，试管中上部的水沸腾了，但用手摸摸试管的底部，仍感到很凉，这说明水是不容易传热的物质。

接着，又重做这一实验，但这次加热的是试管的底部，结果看到试管中的水很快就全部沸腾了。水是怎样变热的呢?

为搞清这一现象的实质，再用方框形试管做实验，可以清晰地看到：当加热框形试管的下角时，管内装有的紫红色高锰酸钾水溶液在框形试管中循环流动起来；当加热框形试管的上角时，带颜色的高锰酸钾水溶液静止。

由于已经掌握了水的流动性这一特性，不难理解，水中的热传导，是依靠水的流动而进行。在物理学上把这种热传导的方式称作“对流”。

通过实验等手段，科学分析并认识某些原理、规律或现象，是培养观察能力的重要手段。

实验是发现问题、提出问题并解释、解决问题的过程，需要更多思维成分的参与，要求把注意力指向那些反映本质规律的外在表现，并具有一定的逻辑推理能力。

在实验中要细心、认真分析，最好能及时记录自己观察到的现象和自己的观察感受，特别是当某种新的细微变化一闪而过时，千万不要轻易放过，要立刻记下来，尽可能重复实验和观察，这可能成为导致新发现的关键要素。

17. 综合观察——调查研究法

1965年夏天，洛杉矶市郊华兹黑人居住区发生暴乱，在不到一个星期的时间里造成了35人死亡和两亿美元的损失。到底是什么人参加了暴乱？他们为什么制造暴乱？

带着种种疑问，社会学家兰斯福德开始了他的调查。他首先研究了有关极端政治行为的理论文献，发现过去有学者指出，社会隔离和权力丧失感往往与政治暴力相联系。

后来，他在当地黑人居民区进行了广泛的调查，根据对华兹暴乱的考察，兰斯福德认为，上述观点正是暴乱的原因。

这种方法就是一种调查研究法，这是一种常见的综合观察方法，这种方法在学生和学者的社会实践或调查中经常被采用。

调查研究观察法有一定的步骤，下面为大家进行简要的介绍。

首先，根据不同的调查目的，确定研究单位。如调查学生为什么迟到，就以个人为研究单位；调查家庭结构则以一定的社会群体作为研究单位，如家庭、小区、街道等；此外，各种社会组织如学校、公司、社团等也可以作为研究单位。

然后，根据具体的问题不同，落实调查时间。明确是近期调查、中期调查还是长期调查，要确定调查的起始时间。要有明确的计划，才能使调查如期进行，达到调查的目的。对于时间性要求很强的调查活动，甚至是“早一步不行，晚一步也不行”，必须契合时间。

此外还要选择合适的调查方式，常用的方式主要有问卷式和访问式。问卷设计应该严谨、明确。访问时要注意把握好提问的分寸和方式，态度要真诚，如果是电话访问，还要注意时间的安排和控制。

18. “破案”的乐趣——归纳推理法

有一次，瓦特看到暖瓶塞被顶开掉到地上了，他想，暖瓶塞子为什么会被冲开？是什么把它冲开的？它究竟有多大的冲力？带着这些问题，他进一步观察、分析和实验，受此启发，瓦特发明了世界上第一台蒸汽机。

“一个逻辑性强的人不需要亲眼见到或者听说过大西洋和尼亚加拉瀑布，他能从一滴水上推测出它有可能存在。整个生活就是一条巨大的链条，只要见到其中的一环，整个链条的情况就可以推想出来了……比如遇到一个人，一瞥之间就要辨识出这个人的历史和职业。这样的锻炼看起来好像幼稚无知，但是，他却能使一个人的观察能力变得敏锐起来，并且教导人们：应从哪里观察，应该观察些什么。一个人的手指甲、衣袖、靴子和裤子的膝盖部分，大拇指和食指之间的茧子、表情、衬衣袖口等等，不论从以上所说的哪一点，都能明白地显露出他的职业来。如果把这些情形联系起来，还不能使案件的调查人恍然大悟，那几乎是难以想象的了。”福尔摩斯的这段话，再次说明，归纳推理在观察活动中的重要性。

运用归纳推理的方法，像“破案”一样，从某一观察的现象、线索中的疑问之处入手，进行探索性的观察，分析找出问题的原因，发现解决问题的办法，还原事物的本来面目，能有效提高观察的理解能力和分析能力，其乐无穷。

19. 找出守门人——个体差异法

相传，大文豪福楼拜在向契诃夫介绍自己的写作经验时，曾要求契诃夫走过每一个大门时，观察每一个守门人，并把他们记录下来，福楼拜说："我要你写每一个守门人，不是让你找出这个守门人和其他所有守门人的不同点，他的面貌、他的眼神、他的动作都是他所独有的。我让你记录每一个守门人，要让别人能从所有守门人中一下子找出他来。"福楼拜的话道出了观察中"个体差异法"的实质内容。

所谓个体差异法，就是在对同类事物进行观察时，抓住其个体特征。例如，同样是军官，同样是被逼上梁山，林冲和杨志却是截然不同的两种心态和两种性格，这就是他们的个体差异。

在实际观察中，我们面对的更多是一个个体，这一个体除了具有同类事物的类别特征外，更重要的是具有其个体特征。因而，要使观察进一步深入、细致，具体事物要具体分析，必须抓住事物的个体差异。

20. 看云识天气——同类观察法

《看云识天气》在说明云的形态变化与天气变化的关系时，依次写了卷云、卷积云、积云、高积云、同层云、雨层云、积雨云，并对它们的形态、色彩、变化一一作了生动而又准确的介绍，既照应了文章的第一句话："天上的云，真是姿态万千，变化无常"，又说明了这些云与天气的关系。

这些云态的名称都属气象学的专门名词，显然，这种分类观察是以科学分类为基础的。尽管它们类别不同，变化各异，但作为"云"，都有相似的共性。

需要注意的是，分类时必须按自然的次序来区分，不能生硬地分割，分类的标准一般取决于观察对象的自身，但必须有一定的科学依据。事物分成类别后，应注意各类事物的特征，注意寻找能引起自己重视的该类事物与相关事物的共性方面，也要注意寻找该类事物区别于其他事物的个性的方面。

完成分类之后，要认真观察和研究观察对象，找出同类事物之间的异同，并分析其间的关系。例如对蜜蜂进行观察，必须要注意到蜜蜂那神奇的触角和善于舞蹈的多条腿，由此，引发出观察蚂蚁、蜗牛、蜘蛛、蜻蜓等动物的兴趣。在观察这些昆虫家族的秘密时，自会发现这些昆虫有的有触角，有的短而小，有的没有触角，有的昆虫有翅膀，有的有甲壳（如瓢虫），有的没有。通过这种方法，能迅速抓住事物间的共性和个性，从而找到事物的本质，获得清晰的印象，对提高观察者的观察分析、思考、概括、归纳能力很有帮助。

21. 巧妙组合——异类观察法

方纪的《桂林山水》同时写了桂林“丰富多彩”的远近山峰和“出奇的清”的漓江之水。“山”与“水”虽都是景致的组成部分，但它们毕竟属于异类事物，然而，由于作者的巧妙组合，把山水相映的桂林奇景写得格外富有诗意。

这种观察方法就是异类观察法，异类观察法与同类观察法是相对应的，都属于分类观察的范畴。异类观察就是将两种差异较大的事物分头观察，然后加以巧妙地组合。

异类观察法同样要注意分类时的选择，虽然异类观察法观察的事物间的差异较大，但并不是说可以随意搭配，任意选择。选择的事物之间，要能自然巧妙地产生某种联系，而不是胡乱搭配。

22. 无心插柳柳成荫——目标转移法

1928年的一天，本来是在专心致志地研究葡萄球菌的英国细菌学家弗莱明，忽然发现在一只培养葡萄球菌的器皿中，原本生长得很好的葡萄球菌消失了。经过仔细观察，他发现是一些偶然落在培养基上的青霉菌在繁殖，而且这些青霉菌的周围没有葡萄球菌了。这显示青霉菌能分泌一种杀灭葡萄球菌或防止其生长的物质。他把这种物质称为青霉素。弗莱明突发奇想，能否将青霉素用于人体杀死致病的葡萄球菌呢？于是他改变研究目标，开始了对青霉素的实验研究并且取得成功。

像这种改变预定目标而有所发现、发明和创造的方法，就叫作目标转移法。

观察作为科学实验和创造发明的手段，一般都是有很强的目的性的，但是，如果在观察过程中发现了意外地与计划目标不一致的异常现象，是不是就让它白白溜走呢？

当然不是。这个时候，应该主动提出疑问，考虑是否转移目标，如果能够有所发现和创造，即使原来“有心栽花花不开”，也能“无心插柳柳成荫”，说不定，还会因无心而得的“柳荫”激发灵感，使原来不开的花开出片片妖娆呢。

23. 感觉的误差——透过现象看本质

有这样一个故事：一位百发百中的神枪手跟朋友一起去钓鱼，钓了半天也没有钓上来一条鱼。神枪手觉得钓鱼太费事了，还不如用枪打，就瞄准水中的鱼扣动了扳机。他连发数枪，却连一条鱼也没有打中。

神枪手之所以大失水准，并不是因为他枪法退步，而是因为他不知道，光线穿过空气进入水中时发生了折射，使得神枪手眼中的鱼偏离了原来的方向，所以打不中了。

人的感觉经常会产生误差。比如，将一只脚放在冷水中，一只脚放在热水中，然后同时再放入热水中，这时候，前一只脚会感觉比另一只脚热得多。这就是因为前后的“对比”造成了感觉的不准确性。

观察时一定要开动脑筋，看看现象背后是否隐藏着自己没有认识到的东西。跟着感觉走，往往会让人们的观察走向歧路。只有透过现象看本质，掌握事物的本质规律，才能掌握可靠的知识，使自己的观察能力和认识水平不断得到提高。

24. “孤立波”——捕捉时机法

1834年8月的某一天，英国物理学家斯科特·罗素正骑着马在河边散步。骤然间，有两匹马拉着一只小木船，以每小时13公里的速度从他的身旁驰过去。罗素侧目小船，发现一股激浪从那小船的船头上卷起，顷刻间便离开船头向前流去。这种波不像平常见到的波浪那样一波未平一波又起，却有着明显的波峰波谷。为了找到这种特殊波的运动规律，罗素扬鞭催马，一步不舍地紧追这只小船，仔细地观察1尺多高3尺来长的激浪。追了四五公里，直到小船在运河转弯处拐弯，激浪消失时，他才掉转马头停下来。不久，罗素在这次观察的基础上，经过精心的研究，提出了有名的“孤立波”

理论。

捕捉时机，是观察的一种手段。因此说，观察趋势的目的是为了发现机会，随着主动地去观察趋势变化，就会善于区别趋势，就可以发现要解决的问题和创造的机会。

在开展具体的观察活动时，有计划、按步骤地进行，为一定的目的和任务观察，无疑是十分重要的，但绝不因此而忘记那些急于带给我们的新现象，更不能随便舍去“微不足道”的新现象。某些时候，由于偶然机遇，某一“细小”新现象突然呈现在我们面前，有显露的，有弱暗的，更多的是瞬息即逝，如果一旦抓住了它，很可能成为我们概括事物规律、揭示事物本质的根据。

25. 感觉经验不可靠——理性判断法

人的观察活动常常受到感觉经验的干扰。而感觉经验往往是不可靠的。《荀子·解蔽》中讨论了人的感觉经验的不可靠性：“走夜路的人容易把卧着的石头看成卧着的老虎，把直立的树木看成站着的人，这是因为黑夜蒙蔽了人的眼睛；用手掩住耳朵，会把很大的声音听成很小的声音；人们站在山脚下看山上的牛，会感到牛比羊还要小；站在山下看山上的大树，会感到大树比小草还要小。”而“不集中精力去用心考虑，把黑白摆在面前，眼睛也会分不清；在耳朵边上擂响雷鸣一样的鼓声，耳朵也会听不见。”

在人类的观察和认识活动中，往往还伴随着情感、意志等非理性因素的影响。比如，蝉的鸣叫声在一般条件下都是相同的，但在情绪感受不同的两个人听来，感受却有天壤之别。

虞世南是唐代初期著名的诗人、书法家，是初唐书法四大家之一。他出身世家大族，官运亨通，唐太宗十分赏识他。虞世南写过一首咏蝉诗，诗中所描述的蝉声高洁、悠扬，这正形象地反映了虞世南的心态。

骆宾王也是初唐时期的著名诗人，是初唐四杰之一。但是骆宾王经历坎坷，在武则天当政时，曾因上书建言而入狱。他曾经在狱中写下了《在狱咏蝉》一诗，诗中的蝉声是忧郁、消沉的，实际上是他愁苦郁闷心境的投射。与虞世南诗中的蝉声相比不可同日而语。

蝉声是客观存在的，但是在不同的人听来，便会有截然不同的感受。要想知道蝉声的真实状态，必须破除自己心中情感的遮蔽，以理性的思考来加以判断，才能对所观察的事物形成客观认识。

26. 去除“有色眼镜”——告别成见法

《列子·说符》中讲过这样一个故事：

有个乡下老人不慎丢失了一把斧头，怎么找也找不到。他想，一定是被邻居的儿子偷去了。为此他偷偷去察看那个孩子的神情、态度，果然发觉大有可疑：孩子的一言一语、一举一动，都像是偷过斧头的样子。于是断定：准是那孩子偷的，我早就料到他不怀好心。后来，老人去打柴，却发现自己丢失的斧头就在山谷，他这才想起打柴时忘了把它带回家里。回家后，他又留心观察那孩子，果然，孩子的行动和语言不像偷过斧头的样子。于是老人又说：“是啊，小小的斧头，哪家没有？他绝不会干那种事的。”

最初，失斧者为什么一口断定“一言一语、一举一动，都像是偷过斧头的样子”呢？主要是因为他对邻居孩子进行暗地观察之前，就在头脑中形成了不应有的看法。这种看法在头脑中占有主要地位，使失斧者的观察力受到很大的影响，以致产生错觉。这个故事告诉我们，在对事物未进行观察之前，不得在思想上产生先入之见，以最大限度地减少观察中的错觉。这样才有助于我们接受新信息、研究新问题、认识新事物。

观察者无论何时、何地和在任何情况下，观察事物不能预先带有成见。因为，凡是怀有预先成见的人遇事往往固执己见，其结果是符合自己“口味”的就吸收，反之就不吸收了。

27.《医林改错》——摒弃偏见法

我国清代杰出的医学家王清任，曾怀着强烈的求知欲，冲破传统观念的束缚，冒着风险对人体进行了观察。1797年，河北滦县（今唐山一带）流行小儿传染病，死亡率极高，贫穷人家多用草席包着尸体埋在乱坟岗上。尸体每日被野狗扒出、撕吃、破腹露脏。王清任充分利用了这个机会，不畏艰苦，不避腥臭，一连10多天仔细观察了100多个小儿尸体，获得了对人体内脏的实际知识。此外，他又到刑场观察尸体，还进行动物解剖。经过40多年的观察研究，王清任写成了《医林改错》一书，纠正了过去医书上的许多错误。

他还根据自己的观察，明确指出人的灵机记性不在心而在脑等。

由此可见，观察不能受偏见的影响，只有摒弃偏见，才能获得准确的观察。

意大利科学家伽利略在比萨斜塔上做的自由落体实验，用铁的事实推翻了古希腊哲学家亚里士多德的观点。可是由于当时的人们过分崇拜亚里士多德，对伽利略的勇敢挑战带有很大的偏见，即使有的人亲眼看了伽利略的实验，仍然对他的新结论表示怀疑。

观察的主体是人，人的思想情感必然会影响观察的对象、过程和结果。头脑中固有的偏见，常常使人们局限于已有的知识和经验，做出偏颇甚至错误的判断。摒弃偏见，需要用谦虚、诚实的美德来净化我们的双眼和心灵，在观察活动中保持客观、清醒的态度，尊重事实，才能得到深入本质的认识。

28. 九方皋相马——去粗取精法

《列子·说符》篇中讲了一个伯乐推荐九方皋的故事：

有一次，秦穆公请伯乐推荐相马的人才，伯乐极力推荐九方皋，说他的相马水平不在自己之下。九方皋拜见秦穆公后，就开始奉命寻找千里马。过了三个月，九方皋向秦穆公报告说："千里马已经找到了，在遥远的沙丘地方。"秦穆公问道："你找到的是一匹什么样的马呢？"九方皋回答说："是一匹黄色的母马。"

秦穆公派使者去取千里马，使者报告说九方皋相中的是一匹黑色的公马。秦穆公听了很不高兴，马上把伯乐招来，责备他说："你推荐的九方皋根本不是相马的高手，他连马的颜色和公母都分不清，怎么会找到千里马呢？"伯乐听了感慨地说："真没想到九方皋相马达到了这样专精的程度。他相马的时候，已经经历了一番去粗取精、由表及里的观察过程，他注意的是千里马应该具备的那些条件，而没有浪费自己的精力去注意马的毛色、公母这样无关紧要的细节。九方皋真正是相马的天才，远远超过了我。"

秦穆公听了伯乐的话，将信将疑，把九方皋相中的马取回来一试，果然是天下无双的千里马。

世界上的事物丰富多彩，又以各自不同的面目纷繁呈现在世人面前。人们在观察事物的时候没有必要也不可能面面俱到，而应该分清主次，从复杂的现象中抓住本质。比如在相马的过程中，相马者最关心的应该是马的奔跑速度、耐力是否突出，而其毛色、公母这些表面的现象，虽然往往最先能引起人们的注意，却属于次要的因素，并不是千里马的决定因素。九方皋正是抓住了千里马的本质特征忽视次要因素，确实是相马的高手。

在认识事物的过程中，我们要注意去粗取精，抓住表现事物本质特征的主要矛盾来认识事物。若只停留在表面，往往容易拘泥于形式，无法发现事物的本质。这是认识事物的基本原则之一，也是我们在观察活动中要注意的。

29. 周公、王莽的忠与奸——拨开假象法

周公是西周的开国功臣，周武王的弟弟。周武王病危时，周公曾向天祈祷，请求代替周武王去死。事后，史官将

周公所写的祈祷书装进了金属匣子里。周武王去世时，即委托周公辅助年幼的周成王总理朝政。周公在辅助周成王执政期间，制礼作乐，开疆拓土，建立了不朽的功业。但周公的兄弟管叔、蔡叔却对周公的行为产生怀疑，认为周公有篡夺王位的嫌疑，一些不明真相的人也盲目附和，一时流言四起，年幼的周成王也对周公产生了怀疑。后来有一次天降大风雨，把王室装档案的金属匣子吹开，露出了以前周公所写的请求代替周武王去死的祈祷书，周成王这才相信周公是忠臣。

王莽是汉元帝皇后的侄子，在当时，他的家世显赫，叔伯、兄弟、子侄中被封为公、侯的有几十个，大多依权仗势，骄奢淫逸。王莽和他的那些亲属大不相同，能够刻苦自励，自己及家人生活十分朴素，却广泛交接贤良，扶危济贫。而且，王莽的官做得越大，行事越谨慎，对待自己的家人管教得也更严，对待有才有德的贤良之士也越谦恭。王莽的这些道德行为为他博取了极大的名声。由于得到皇帝及士大夫们的赞赏，王莽的官阶越来越高，从大司马、安汉公一直做到“摄皇帝”，即代理皇帝，这已经是一个臣子所能达到的空前绝后的礼遇了。但王莽还不满足，最终还是以自己的“新朝”取代了汉王朝，做了皇帝。这对于汉王朝的帝位，无异于灭顶之灾。可是，当王莽谦恭下士的时候，谁会想到他后来的背逆行为呢？

难怪唐代大诗人白居易曾经吟诗感叹：“周公恐惧流言日，王莽谦恭未篡时。向使当初身便死，一生真伪复谁知。”

在人类所要观察和认识的事物中，最复杂最难认识的当属人类自己。我们很容易犯片面性的错误，更容易被人为制造的假象所迷惑。

人们在观察和认识事物时，要对其进行长期、全面的综合考察，而不能被一时一地的假象所迷惑。事物是不断变化的，往往需要不断地去伪存真，由表及里地进行观察，才能观察和认识到事物的本质。

30."无稽之言勿信"——质疑法

明代气学著名代表人物王廷相生活的时代，社会上流传一种说法，说春天的雪花是五瓣的，不像冬天的雪花是六瓣的。由于这是前代儒者的说法，大家都深信不疑。但是，王廷相却在实际考察中发现这个说法是错误的。他说："人们都说春天的雪花是五瓣的。我是北方人，每遇到春天下雪时，都用衣袖接住雪花查看，发现春天的雪花和冬天的雪花一样都是六瓣的。但大家都把前代儒者的话当作真理，以讹传讹，错了很久。"

《诗经·小雅·小宛》中说："螟蛉有子，蜾蠃负之。"螟蛉是桑叶上的一种绿色小青虫，蜾蠃是一种寄生蜂，俗名土蜂。朱熹在《诗经集传》中解释说："土蜂取来青虫的幼子放到树洞中，七天之后，青虫的幼子就变化成为蜾蠃的幼子了。"大家对朱熹的这一解释深信不疑，但是王廷相却不以为然，他在考察中发现："我在乡里居住时，年年取土蜂的巢穴观察，发现土蜂每做好一个洞穴，就先生下一个幼子在里面，然后捉一些桑叶上的青虫和草地上的花蜘蛛来填满巢穴，几天后，土蜂的幼子出生了，先后吃掉那些青虫和花蜘蛛，长成一个蛹，几日后又由蛹蜕变为土蜂。年年考察，年年如此。可见包括大家朱熹在内的前人往往不认真观物，以讹传讹，他们这些没有经过实际验证的无稽之言实在不可信。”原来并不是青虫的幼子变成了土蜂，而是土蜂的幼子将青虫的幼子当作食物吃掉了。包括大家朱熹在内的前人，不加考察，结果闹出了笑话。

“无稽之言勿信”。没有经过实践验证的空谈不足为信，离开实践的道理是空洞无用的。不轻信，不盲从，在实践中观察事物、认识事物，才是科学的态度。